D1668941

1842

Ralf Weineкötter · Hermann Gericke

Mischen von Feststoffen

Prinzipien, Verfahren, Mischer

Mit 73 Abbildungen

Springer-Verlag
Berlin Heidelberg New York
London Paris Tokyo
Hong Kong Barcelona Budapest

Dr. Ralf Weinekötter
Dr. Hermann Gericke
Gericke AG
Spezialfabrik für Dosier-,
Förder-, und Mischanlagen
Althardstraße 120
CH - 8105 Regensdorf

ISBN 3-540-58567-2 Springer-Verlag Berlin Heidelberg New York

Die Deutsche Bibliothek - Cip-Einheitsaufnahme

Weinekötter, Ralf: Mischen von Feststoffen: Prinzipien Verfahren, Mischer
Ralf Weinekötter; Hermann Gericke.
Berlin; Heidelberg; New York, London; Paris, Tokyo;
Hong Kong; Barcelona; Budapest: Springer 1995
ISBN 3-540-58567-2
NE: Gericke, Hermann

Satz: Reproduktionsfertige Vorlage der Autoren
SPIN: 10470134 62/3020 - 5 4 3 2 1 0 - Gedruckt auf säurefreiem Papier

"Mischen von Feststoffen"

Springer Verlag

ISBN - 3-540-58567-2

R. Weinekötter / H. Gericke

Köhler & Volkmar 88,-

7,10.

Georg Lingenbrink GmbH &

01 OCT 98 NEUE MEDIEN

RANG	LIBRI NR	ISBN	KURZTITEL
45	4692918	3-486-24787-5	OESTEREICH, B: OBJEKTOR. SOFTWAREENTWIC
264	3938212	3-932297-35-0	RUBIK, S: WINDOWS NT SERVER 4.0
96	3393135	3-499-18148-7	KUHLMANN, G: TURBO-PASCAL
229	3393291	3-499-18166-5	ERLENKOETTER, J: PROGRAMMIERSPRACHE C
175	3423956	3-499-19282-9	ERLENKOETTER, H: OBJ. PROGRAMMIEREN/C++
66	3430880	3-499-19289-6	KUHLMANN, G: DATENBANKSPR. SQL
105	3460460	3-499-19815-0	KHAZAELI, C: CRASHKURS TYPO/LAYOUT

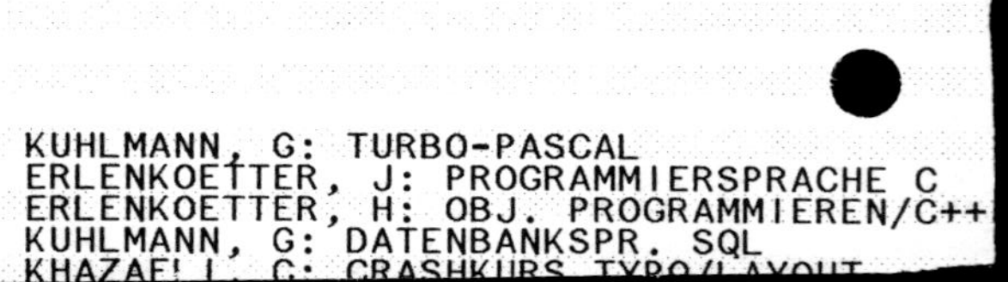

Geleitwort

Mit zunehmender Automatisierung verfahrenstechnischer Prozesse in allen stoffumwandelnden Industrien gewinnt die wissenschaftlich - technische Durchdringung von Mischvorgängen heute wieder wachsende Bedeutung. Man denke hier nur an die zwischen unterschiedlichen Phasen ablaufenden Mischprozesse, die die Basis für einen gezielten und effizienten Ablauf nachfolgender Reaktionen in Rührkesseln, Rohrreaktoren, Brennern etc. bilden. Wie die umfangreiche Literatur im Bereich der Reaktionstechnik beweist, werden die Mischergebnisse neben teilweise noch unzulänglich beschreibbaren mehrphasigen Strömungsvorgängen in komplexer Weise durch eine Vielzahl stofflicher und apparativer Parameter bestimmt.

Aus den Forschungsarbeiten des Instituts für Verfahrens- und Kältetechnik der Eidgenössischen Technischen Hochschule (ETH) Zürich zum Schwerpunktthema "Verfahrenstechnik feiner Partikel" entwickelte sich organisch eine intensive Beschäftigung mit Mischvorgängen und der Messung und Bewertung hierbei erreichter Mischgüten. In der Wirbelschichttechnik erprobte laseroptische Analysenmethoden und bildanalytische Mischgütecharakterisierung ermöglichten einen tieferen Einstieg in das Gebiet des Mischens feinkörniger Feststoffe, welches bisher mehr als Kunst denn als eine wissenschaftlich untermauerte Technik zu gelten hat.

In enger Zusammenarbeit mit industriellen Partnern gelang es, die kontinuierliche Vermischung von Feststoffen zu modellieren und mittels laseroptischer Messungen und stochastischer Auswertemethoden quantitativ erfassbar zu machen. Besondere Beachtung kommt dabei dem Zusammenhang zwischen zeitlicher Konstanz der Dosiermassenströme und der erreichbaren Mischgüte zu. Aus der Kooperation des Instituts für Verfahrens- und Kältetechnik mit der Firma GERICKE AG im Rahmen eines von der LONZA AG gemeinsam geförderten Projekts zum kontinuierlichen Feststoffmischen entwickelte sich der Gedanke, bei den Kooperationspartnern vorliegende grundlegende Ergebnisse und Erfahrungen einer breiteren Fachwelt in vorliegendem Buch zugänglich zu machen.

Es soll Anstoß sein, die in der Verfahrenstechnik des Feststoffmischens heute noch innewohnenden Potentiale der Einsparung von Mischenergien und der Verbesserung von Mischgüten verstärkt für neue produkt-orientierte Herstellungsprozesse in chemischer Technik, Energietechnik, Lebensmitteltechnik und Metallurgie zu nutzen.

Das Buch soll als erstes seiner Art zum Thema Feststoffmischen ein wertvolles Hilfsmittel für Ingenieure, Chemiker und Metallurgen in Hochschule und Industrie sein.

Februar 1995

Zürich

Prof. Dr.-Ing. Lothar Reh

Vorwort

Das Mischen von Feststoffen, Pulvern, Granulaten, Fasern, Flocken stellt in den verschiedensten Industrien, beispielhaft seien pharmazeutische, chemische, Nahrungsmittel- und Grundstoffindustrie genannt, eines der wesentlichen Grundverfahren dar. Das Buch behandelt theoretische und praktische Aspekte des Feststoffmischens und bringt eine zusammenfassende Darstellung des Gebietes.

Mischen von Feststoffen gehört seit altersher zu jenen mechanischen Verfahren, die der Mensch neben dem Zerkleinern und Trennen (Sichten) zur Lebenserhaltung benötigte. Die Entwicklung der in der neueren Zeit zum Mischen verwendeten Geräte läßt sich seit 100 Jahren in den Katalogen und Prospekten der Firma Gericke verfolgen. Ende des 19. Jahrhunderts waren es Schwerkraftmischer mit Becherwerken im Umwälzverfahren für große Volumen sowie Trommelmischer, von Hand oder über Transmissionen angetrieben, für kleine Volumen. Die folgenden senkrechten Schneckenmischer setzten immer noch rieselfähiges Gut voraus. Erst die Zwangsmischer, zuerst als horizontale Spiralbandmischer gebaut, konnten auch kohäsive Pulver mischen. Später verkürzten schnellaufende Paddel- und Pflugscharmischer sowie Luftstoßmischer die Mischzeit. Senkrechtmischer mit umlaufender Mischschnecke mischten auch große Volumina von Feststoffen mit schlechtem Fließverhalten. Zweiwellen-Horizontalmischer in kämmender Bauart verkürzen nochmals die Mischzeit und den erforderlichen Energieeintrag. Gekoppelt an Fortschritte in der Technik des zeitkonstanten, kontinuierlichen Dosierens von Feststoffen nahm in den letzten Jahrzehnten die Bedeutung der kontinuierlichen Feststoffmischer zu.

Die Zusammenarbeit der beiden Autoren geht auf ein aktuelles Forschungsprojekt auf dem Gebiet des Feststoffmischens zurück, welches unter Leitung von Professor Lothar Reh zu einer Kooperation zwischen dem Institut für Verfahrens- und Kältetechnik der Eidgenössischen Technischen Hochschule, der Gericke AG und Lonza AG, Alusuisse-Lonza-Gruppe, führte. Hierdurch sind natürlicherweise Gedanken, Methodik und Leitlinien von Herrn Professor Reh in dieses Buch eingeflossen. Wir danken ihm auch für das Verfassen des Vorwortes.

Herzlich danken für Diskussion, Anregungen und Ideen möchten wir den Herren Dipl.-Ing. Olaf Eichstädt, Dipl.-Ing. Ulrich Nabholz und Dr. Bernhard Stalder sowie den Mitarbeitern der Firma Gericke und des Instituts für Verfahrens- und Kältetechnik der ETH-Zürich, die die Entstehung dieses Buches förderten. Dem Springer-Verlag sei für Unterstützung und Herausgabe gedankt.

Dieses Buch behandelt Misch- und Entmischungsvorgänge, sowie Charakterisierung und Beschreibung der Mischqualität. Auslegungskriterien für Chargen- und kontinuierliche Mischprozesse folgen. Bei der Auslegung wird auf Dosierung, Wägen, Förderung des Feststoffes und sicherheitstechnische Gestaltung in Mischprozessen eingegangen. Mit dem Mischen eng verbundene Verfahren wie Agglomerieren und Wärmeübertragung werden gestreift. Systematisches Vorgehen bei der Lösung von Mischaufgaben wird anhand praktischer Beispiele beschrieben; dies ergänzt die theoretischen Grundlagen.

Februar 1995

Zürich | Regensdorf-Zürich

Ralf Weinekötter | Hermann Gericke

Inhaltsverzeichnis

Symbolverzeichnis

a	Koeffizient des exponentiellen Autokorrelogramms	Hz
A	Proportionalitätsfaktor	-
AD	durchschnittliche Abweichung des Dosiermassenstroms (engl. average deviation)	kg/h
Bo	Bodensteinzahl	
c_p	Variabilität der Tracerkomponente	-
c_q	Variabilität der anderen Komponente	-
C_{xx}	Autokovarianzfunktion von x	-
d	Durchmesser des Mischers	m
d_p	Partikeldurchmesser	m
$d_{p3,xx}$	xx % -Wert der Summenverteilung des volumetrischen Äquivalenzdurchmessers	m
$d_{p,v}$	Durchmesserverhältnis der groben und feinen Partikel	-
$d_{p,p}$ $d_{p,q}$	Partikeldurchmesser der Komponente p bzw. q	m
d_Z	Vielfaches der Verschiebung bezogen auf die Zellenlänge	
$\bar{d}$	ganzzahliger Anteil von d_Z	
D	axialer Dispersionskoeffizient	m/s^2
E{ }	Erwartungswert	-
E(t)	Dichtefunktion der Verweilzeitverteilung	-
E_{Misch}	Mischenergie	W
f	Frequenz	Hz
f	Systemfehler	-
$\hat{f}$	t_V/T_P	-
f_k	diskrete Frequenz, (=kΔf)	Hz
F(t)	kumulative Verteilungsfunktion der Verweilzeit	
g	Erdbeschleunigung	m^2/s
G_{xx}	einseitiges Leistungsdichtespektrum; Fourier-transformierte C_{xx}	s
$\hat{G}_{XX}$	Schätzwert für G_{xx}	s
H	Höhe der Wirbelschicht	m
I_H	Anzahl der feinen Partikel im Agglomerat	-
J_H	Anzahl der groben Partikel im Agglomerat	-
K	Absorptionskeffizient	-

l_0	linearer Maßstab der Entmischung / scale of segregation	s (m)
l_0^m	normierter scale of segregation	kg
l_s	Eintauchlänge der Schnecke im Kegelschneckenmischer	m
L	Länge des Mischers	m
m	Index, mittlere	-
m*	Gesamtfeed	kg/s
$\dot{m}$	Massenstrom	kg/s
$\overline{\dot{m}}$	Mittelwert der Massenströme	kg/s
m_f	Masse einer feinen Partikel	kg
m_p, m_q	mittleres Partikelgewicht der beiden Komponenten in der Mischung	kg
M	Mischkoeffizient	m^2/s
M	Masse einer Probe	kg
M	Masse einer Charge	kg
M_b	Gewicht der ganzen Mischung (Grundgesamtheit)	kg
n	Stichprobenumfang	-
n	Zeitlevel	-
n	Drehfrequenz	Hz
n_A	Drehfrequenz des Armes im Kegelschneckenmischer	Hz
n_b	Brechungsindex	-
n_d	T_d/T	-
n_p	Anzahl der Partikel in der Probe	-
n_s	Drehfrequenz der Schnecke im Kegelschneckenmischer	Hz
N	Vielfaches der Grundgröße	-
N	Drehfrequenz	Hz
N.A.	Numerische Apertur	-
Ne	Newtonzahl	-
N_g	Anzahl der Proben in der Grundgesamtheit	-
N_R	Anzahl der Rührkessel im Modell einer idealen Rührkesselkaskade	-
N_t	Anzahl der Agglomerate in der Probe	-
p	Konzentration der Tracerkomponente in der Grundgesamtheit	-
p_g	Massenanteil der groben Komponente	-
P	Leistung	W
q	1-p	-
Q_3^c	Korngrößendurchgangsverteilung der gröberen Komponenten	-
r	Mischerradius	m
r^2	Korrelationskoeffizient	-
R	relatives Signal	-
R_∞	relatives Signal reflektiert von einer unendlich dicken Pulverschicht	-
$\hat{R}$	Rückstand	-

R_{xx}	Autokorrelationsfunktion von x	-
$R_{xx,feed}$	Autokorrelationsfunktion von x im Feed	-
s	horizontaler Flugweg	m
S	empirische Standardabweichung	-
S^2	Stichprobenvarianz	-
S_D	gesamter Dosierfehler in der Langzeitbetrachtung	kg/h
S_{rel}	relative Dosierkonstanz	-
t, t'	Zeit	s
t_V	mittlere Verweilzeit	s
t_f, t_m, t_e, t_t	Füll-, Misch-, Entleer, Totzeit	-
$t_{w,n-1}$	Studentfaktor	-
t^*	Mischzeit	-
T	Meßdauer	s
T_d	Vielfaches von T	s
T_p	Periode der Dosierschwingung	s
v	axiale Geschwindigkeit	m/s
v_0	horizontale Geschwindigkeit	m/s
V*	volumetrischer Gesamtfeed	m^3/s
VRR	Varianzreduktion = $\sigma_{in}^2/\sigma_{out}^2$	-
VRR_{fluid}	Varianzreduktion für Gase oder Flüssigkeiten	-
VRR_{solids}	Varianzreduktion für Feststoffe	
W{ }	Wahrscheinlichkeit	-
w_f	Gewicht eines Partikel der feinen Komponente	kg
x	Konzentration der Tracerkomponente	-
x_0	Amplitude der Konzentrationsschwingung	-
x_1	Startkonzentration bei Sprungversuch	-
x_2	Endkonzentration bei Sprungversuch	-
$x_{i,n}$	Konzentration im i-ten Element, Zeitlevel n	
$\tilde{x}$	mittlere Konzentration zweier benachbarter Zellen	-
$\hat{x}$	x-μ	-
X_k	Fouriertransformierte der Konzentration x	-
$\hat{X}_k$	" von $\hat{x}$	
z	Raumkoordinate	m
z	Vielfaches der Lockerungsgeschwindigkeit	-
z_n	natürliche Zahl	-
δ	Deltafunktion	-
Δf	diskreter Frequenzabstand: $\Delta f = 1/T$	Hz
Δt	Zeitabstand zwischen 2 Messungen	s
ξ	z/L	-

η	dynamische Viskosität	Pas
Θ	t/tv	-
ϑ	Brechungswinkel	-
$\vartheta(i,j)$	Wahrscheinlichkeit, daß ein Agglomerat I feine und J grobe Partikel enthält	-
μ	Stichprobenmittelwert der Konzentration	-
ρ	Feststoffdichte	kg/m^3
ρ_{sch}	Schüttdichte	kg/m^3
ρ_{xx}	Autokorrelogramm von x	-
$\rho_{xx}(\tau)$	Autokorrelationskoeffizient von x	-
ρ_s	Feststoffdichte	kg/m^3
σ_p, σ_q	Standardabweichung des Partikelgewichts für die beiden Komponenten in der Mischung	kg
σ^2	Varianz	-
σ_z^2	Varianz der Zufallsmischung	-
σ_1^2	Varianz ermittelt aus Stichproben einer festen Grundgröße	-
$\sigma_{end,solids}^2$	Varianz von x am Ausgang des kontinuierlichen Feststoffmischers bei zeitkonstanter Dosierung	-
$\sigma_{in}^2;\sigma_{out}^2$	Varianz der Tracerkonzentration am Einlaß bzw. Auslaß des Mischers	-
σ_N^2	Varianz ermittelt aus Stichproben der N-fachen Grundgröße	-
$\sigma_{t_v}^2$	Varianz der Verweilzeit	s^2
σ_{ges}^2	Gesamtvarianz	
σ_E^2:	Varianz nach Abschluss des Mischprozesses, im Idealfall gleich der idealen Zufallsmischung	-
σ_M^2:	Varianz aufgrund der Messungenauigkeit	-
$\sigma_{syst}^2(t)$	systematische Abweichung von einem Mischungszustand	-
τ	zeitlicher oder lokaler Abstand zwischen 2 Proben oder Messungen	s oder m
$\tilde{\tau}$	τ/t_V	-
$\Phi(\chi^2)$	Summenfunktion der	
χ^2	Chi-Quadratverteilung	-
$\chi^2_u;\chi^2_o$	Variablen der Chi-Quadratverteilung, bei zweiseitigem Konfidenzintervall steht u für untere und o für obere Schranke	-
ω	Winkelgeschwindigkeit	1/s

1 Einleitung

Die Gesamtheit der stoffumwandelnden Verfahren läßt sich in drei Kategorien einteilen:

- *Mischen*
- *Reagieren bzw. Stoffe wandeln*
- *Trennen*

Mischen vereinigt getrennt vorliegende Stoffe zu einem Gemisch. Ähnlich wie die Umkehrverfahren des Mischens, den Trennverfahren, die vom mechanischen Sieben von Feststoffen bis zur thermischen Destillation von Flüssigkeiten reicht, ist die Fülle der Mischaufgaben außerordentlich groß. Ein wichtiges Einsatzgebiet von Mischern ist die Reaktionstechnik, da jede Reaktion eine effektive, stöchiometrische Mischung der Reaktionskomponenten zur Vorbedingung hat. Die Bedeutung des Mischens für die Reaktionstechnik zeigen beispielsweise der Vormischbrenner und der Rührkessel. Beim Vormischbrenner wurden die Mischaufgabe in die Bezeichnung des Reaktortyps aufgenommen; der Rührkessel dient in der chemischen Industrie sowohl als Reaktor als auch zum Vermischen von Flüssigkeiten und Suspensionen. Eine schlechte Vermischung der Komponenten vermindert den Umsatz der Reaktionsedukte und verschlechtert den Wirkungsgrad des Prozesses. Über die Reaktionstechnik hinaus ist Mischen in weiten Bereichen der stoffumwandelnden Industrie ein zentraler Prozeßschritt. Die Definition von Uhl und Gray [1] zeigt die Vielseitigkeit der Mischaufgaben:

MISCHEN bzw. MISCHVERFAHREN dienen dazu, Unregelmäßigkeiten oder Gradienten bezüglich der Zusammensetzung, Eigenschaften oder Temperatur in einer Materialmenge zu reduzieren. Eine Vermischung tritt ein, wenn Teile aus dieser Gesamtmenge bewegt werden oder sich bewegen.

Die weitaus wichtigste Anwendung für das Mischen ist die Erzeugung einer homogenen Mischung aus mehreren Komponenten, also der Konzentrationsausgleich. Besteht hingegen die Materialmenge aus einem Stoff oder Stoffgemisch, die aber produktionsbedingt oder aufgrund der Rohstoffe in ihren Eigenschaften schwanken, wird für den Ausgleich der Schwankungen der Begriff Homogenisierung gebraucht. Dieser Begriff findet aber auch für die Vermischung von ineinander löslichen Flüssigkeiten Anwendung.

Die Einteilung der verschiedenen Mischsysteme erfolgt üblicherweise nach der vorherrschenden Phase (s. Abb. 1.1). Es reicht vom einphasigen Fluidmischen (fluid: Gas, Flüssigkeit), von Gasen mit Flüssigkeiten (Dispergieren, Zerstäuben),

Feststoff und Flüssigkeiten/Gasen (Fluidisieren, Suspendieren) zum reinen Feststoff/Feststoff-Mischen. Zum Feststoffmischen werden auch Systeme gezählt, die nur einen geringen Flüssigkeitsanteil besitzen und die Flüssigkeit nach dem Mischvorgang an den Feststoff adsorptiv gebunden ist (Benetzen, Befeuchten). Nimmt der Flüssigkeitsanteil zu, spricht man vom Kneten. Bei sehr hohen Viskositäten und plastischer Verformung des Mischgutes müssen sehr hohe Scherkräfte zu Vermischung aufgebracht werden. Hier werden Kneter, Innenmischer oder die kontinuierlich betriebenen Extruder eingesetzt. In 2-Phasensystemen vergrößern Trägheits- und Scherkräfte die in Kontakt tretenden Oberflächen, dies zeigt, daß eine Hauptanwendung des Mischens nicht die Dispergierung des Feststoffs oder eines Gases in der fluiden Phase an sich ist, sondern auch der Verbesserung von Stoff- und Wärmeaustausch dient.

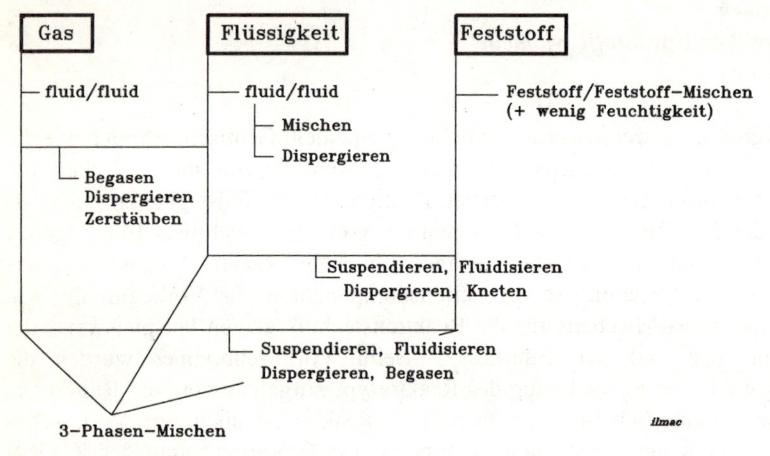

Abb. 1.1 Vielseitigkeit der Mischaufgaben

Technische Durchführung:

Die technische Durchführung des Mischens erfolgt durch eine Vielzahl von auf dem Markt angebotenen Apparaten. Einen Überblick gibt die Einteilung nach Henzler [2] (Abb. 1.2), die an sich für das Homogenisieren von Flüssigkeiten entwickelt wurde, sich aber auch auf das Feststoffmischen übertragen läßt. Zwei Apparategruppen haben sich durchgesetzt, die *Behälter*- und die *Rohrmischer*. Behältermischer sind voluminöse Apparate, in denen eine großräumige Zirkulationsströmung durch Turbinen, Propeller, Rührer, Strahlen, Gasblasen oder durch Bewegung des ganzen Behälters erzeugt wird. Sie werden sowohl absatzweise als auch kontinuierlich betrieben. Beim Rohrmischen gibt es eine Haupttransportrichtung in einer (axialen) Richtung. Senkrecht dazu (radial oder tangential) wird durch koaxiale Jets, turbulente Strömung oder Einbauten wie z. B. statische Mischer gemischt.

Die Auslegung von Mischprozessen erfolgt nicht immer mit der gebührenden Sorgfalt, nach einer Schätzung liegt der Schaden, der durch schlechte oder falsch dimensionierte Mischprozesse entsteht, in den USA jährlich zwischen 1-10

Milliarden Dollar [3]. Dieser bedeutende wirtschaftliche Schaden entsteht auf zweierlei Art:

a) Die Qualität der Mischung ist schlecht: Falls es sich bei der Mischung bereits um das Endprodukt handelt, wird dies direkt bei der Qualitätsüberprüfung des Produktes bemerkt. Häufig ist jedoch das Mischen nur einer in einer ganzen Reihe weiterer Prozeßschritte. Hier sind die Auswirkungen ungenügender Mischung weniger offensichtlich.

b) Die Homogenität ist ausreichend, aber der hierfür eingesetzte Aufwand zu groß (OVERMIXING): Beim Chargenmischen wird Overmixing hervorgerufen durch eine zu lange Mischzeit oder beim kontinuierlichen Mischen durch eine zu hohe Verweilzeit. Dies führt zu einer erhöhten Beanspruchung des Mischgutes, die sich bei empfindlichen Produkten nachteilig auf die Qualität auswirkt. Desweiteren müssen größere oder mehr Apparate eingesetzt werden, als es bei einer optimalen Gestaltung des Mischprozesses nötig wäre.

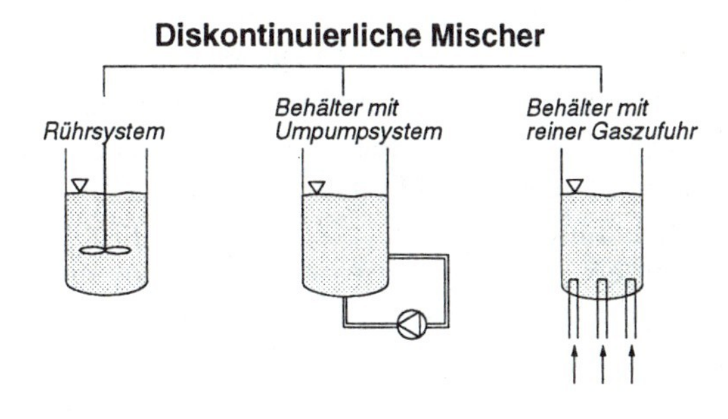

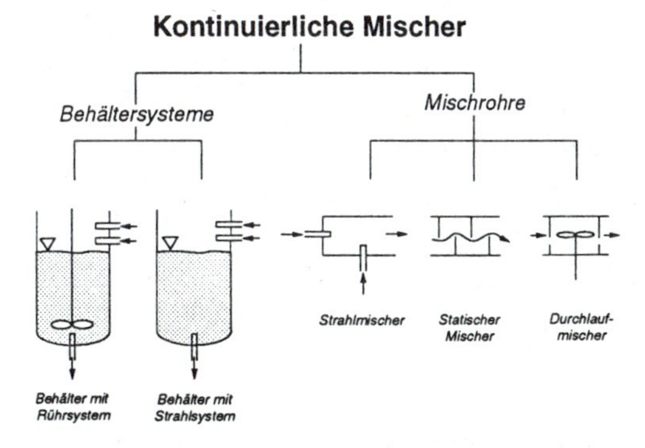

Abb. 1.2 Einteilung der Fluidmischer zum Homogenisieren nach Henzler [2, aus 47]

Die kleinsten Einheiten, die beim Mischen bewegt werden, sind bei Gasen und Flüssigkeiten die Moleküle, während es bei Feststoffen die einzelnen Partikel sind, deren Abmessungen um Größenordnungen den Moleküldurchmesser übertreffen. Man unterscheidet zwei Mischmechanismen: *Konvektion und Diffusion*: Unter *Konvektion* versteht man die gemeinsame Bewegung relativ großer Gruppen von Elementen, wie sie zum Beispiel durch Rührer, Pumpen oder rotierende Werkzeuge erzeugt wird. Aufgrund von Geschwindigkeitsgradienten kommt es zu Teilungsprozessen, d. h. Konvektion verringert fortlaufend Größe und Abstand der ungemischten Zonen im Mischer.

Unter *Diffusion* versteht man die individuelle, stochastische Bewegung von einzelnen Elementen. Bei Fluidmischungen wird sie hervorgerufen durch die Brown'sche Molekularbewegung. Da Feststoffpartikel keine Eigenbeweglichkeit besitzen, erfolgt Diffusion der Partikel nur, wenn die Materialmenge in Bewegung ist.

Konvektion und Diffusion treten in den meisten Mischapparaten gleichzeitig auf, der großräumige Mischausgleich wird durch Konvektion bewirkt (*Makromixing*), die Feinvermischung (*Mikromixing*) geschieht durch Diffusion.

Das Resultat eines Mischvorganges ist nicht eine regelmäßige Anordnung der Elemente. Aufgrund des stochastischen Charakters der Bewegung von Molekülen, Fluidballen, oder Partikeln wird sich im besten Fall lediglich eine Zufallsverteilung der einzelnen Elemente zueinander ergeben (s. Abb. 1.3.) Dieser *stochastische Charakter* zeigt sich besonders deutlich beim Feststoffmischen, da sich die Abmessungen der entnommenen Proben und der Elemente (Partikel) nicht um Größenordnungen unterscheiden. So wird z. B. beim Feststoffmischen selbst bei unendlich langer Mischzeit die Konzentration einer Tracerkomponente in einem Probensatz stochastisch um einen Mittelwert verteilt sein, während beim Fluidmischen üblicherweise eine Probe derart viele Elemente (Moleküle) enthält, daß der stochastische Charakter nicht mehr auflösbar und deshalb die Probenkonzentration gleich der mittleren Konzentration ist.

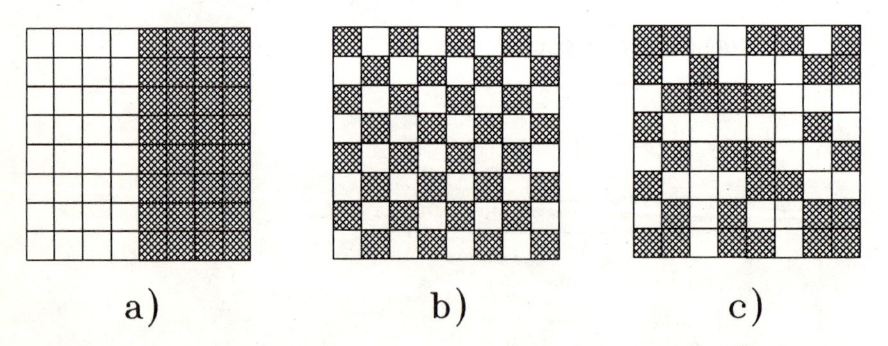

Abb. 1.3 Idealisierte Mischungszustände: **a)** vollkommen entmischt **b)** geordnet **c)** zufällig

Bei der Analyse eines Mischverfahrens müssen folgende drei Fragen beantwortet werden:

- *Wie gut ist die Mischung ?*
- *Wie schnell wird dieser Mischungszustand erreicht ?*
- *Wie hoch ist der erforderliche Leistungseintrag ?*

Das Feststoffmischen nimmt eine Sonderstellung im Gebiet der Mischtechnik ein, da die Beantwortung dieser drei Fragen für *Feststoffmischprozesse* bis heute nur experimentell erfolgen kann. Wie in nachfolgenden Kapiteln noch gezeigt wird, sind diese Experimente aufwendig und bedürfen zu ihrer Auswertung statistischer Methoden. Die Sonderstellung ist in dem schwierig zu erfassenden Stoffparameter begründet. Welches ist die Größe, die die Mischfähigkeit eines Pulvers beschreibt?

Trotz der Kenntnislücken beim Feststoffmischen wird es häufig angewandt: Feststoffe werden in der Grundstoff-, Baustoff-, Nahrungsmittel-, Futtermittel,- Keramik-, Chemie-, Waschmitttel-, Kunststoff- und Pharmaindustrie aber auch in der heimischen Küche gemischt. Der Wert der eingesetzten Feststoffe kann sehr niedrig aber auch außerordentlich hoch sein. Abmessungen der Feststoffpartikel schwanken vom Submikron- bis in den Zentimeterbereich.

Im Rahmen dieses Buches können nicht alle Anwendungsgebiete des Feststoffmischens behandelt und die umfangreiche wissenschaftliche Literatur vorgestellt werden. Vielmehr sollen allgemeine Prinzipien aufgezeigt und der Zielgruppe dieses Buches, Studenten der Verfahrenstechnik, Chemieingenieurwesens oder Chemie wie Ingenieuren und Chemikern in der Praxis Hinweise und Literaturquellen gegeben werden, die ihm bei der Auslegung und der Überprüfung von Feststoffmischprozessen helfen.

2 Misch- und Entmischungsvorgänge

Um Feststoffe zu mischen, müssen Partikel sich bewegen oder bewegt werden. Wenn sich die Komponenten der Mischung in ihrem Bewegungsverhalten unterscheiden, ist dem Mischvorgang eine Entmischung überlagert, die die Erstellung einer idealen Zufallsmischung verhindert. Im Mischer wird sich ein Beharrungsgzustand zwischen Mischung und Entmischung einstellen. In Extremfällen kann sich jedoch, wie es von Trommelmischern bei ungünstiger Stoffpaarung bekannt ist, die Entmischung mit zunehmender Mischzeit dominieren und sich Zonen der einen oder anderen Komponente als Streifen senkrecht zur Mischerachse ausbilden. Ein selektives Bewegungsverhalten der Komponenten bewirkt zudem, daß eine Mischung sich auch bei der weiteren Verarbeitung oder beim Transport wieder trennt.

2.1 Dispersives und konvektives Mischen

Der Mischvorgang kann schematisiert als Überlagerung von *Dispersion* und *Konvektion* betrachtet werden (Abb. 2.1). Beide Mechanismen setzen eine Bewegung des Feststoffes voraus.

Unter *Dispersion* werden vollkommen zufällige Platzwechsel der einzelnen Partikel verstanden. Die Häufigkeit, mit der ein Partikel der Komponente A den Platz mit einem Partikel einer anderen Komponente wechselt, ist von der Anzahl der Partikel der anderen Komponenten abhängig, die sich in direkter Nachbarschaft zu dem Partikel der Komponente A befinden. Dispersion ist also ein lokaler Effekt (Mikromixing), der bei bereits vorgemischten System, bei dem sich viele Partikel unterschiedlicher Komponenten in Nachbarschaft befinden, wirksam wird und eine Feinvermischung auf kleinstem Raum herbeiführt. Liegen die Komponenten zu Beginn räumlich getrennt vor, würde eine Vermischung allein durch Dispersion sehr viel Zeit benötigen, da die Anzahl der andersartigen "Nachbarn" sehr klein ist. Der Dispersion entspricht die Diffusion bei Fluidmischungen, im Gegensatz zur Diffusion ist bei der Dispersion aber kein Konzentrationsgradient Ursache der Vermischung, sondern eine erzwungene Bewegung führt zu den zufälligen dispersiven Mischvorgängen.

Konvektion bewirkt eine Bewegung von größeren Partikelgruppen relativ zueinander (Makromixing). Die gesamte Materialmenge wird fortlaufend geteilt und nach einem Platzwechsel wieder vermengt (Abb. 2.1), und so die Größe der Gruppen, die nur aus einer Komponente bestehen und daher vollständig ungemischt sind, fortlaufend vermindert. Konvektion erhöht die Anzahl der andersartigen "Nachbarn" und fördert damit die diffusiven Austauschvorgänge. Beim Umschichten des Feststoffes im Mischer durch rotierende Werkzeuge oder Mischbehälter oder beim Durchfallen eines Materialstromes durch einen statischen Freifallmischer wird eine Materialmenge geteilt bzw. konvektiv gemischt.

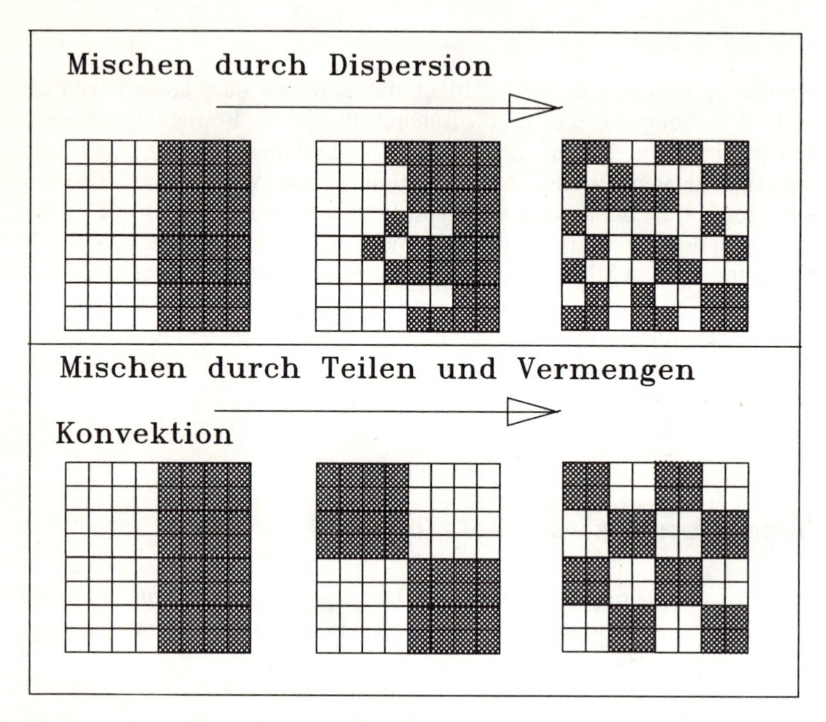

Abb. 2.1 Mechanismen des Mischens

2.2 Entmischung bei Feststoffen

Besitzen die Komponenten einer Feststoffmischung ein selektives Bewegungsverhalten, kann die Mischgüte durch Entmischung vermindert werden. Die Ursachen der Entmischung sind bis heute nur teilweise verstanden. Das liegt daran, daß das Bewegungsverhalten von vielen Partikeleigenschaften wie Größe, Form, Dichte, Oberflächenrauhigkeit, Anziehungskräften, Reibung u. a. beeinflußt wird. Hinzu kommt noch die Vielzahl der industriellen Mischer mit ihren spezifischen Strömungsbedingungen. Nach Williams [9] hat jedoch die Partikelgröße den dominierenden Einfluß auf die Entmischung. Da nahezu alle industriellen Pulver eine Partikelgrößenverteilung besitzen und derart als Feststoffmischungen von Partikeln unterschiedlicher Größe betrachtet werden können, ist Entmischung ein charakteristisches Problem der Verfahrenstechnik von Feststoffen. Werden Mischungen in ungeeigneter Weise transportiert, gelagert oder sonstwie bewegt, werden sie nach der Partikelgröße klassiert, also entmischt. Abbildung 2.2 zeigt schematisiert Entmischungsmechanismen:

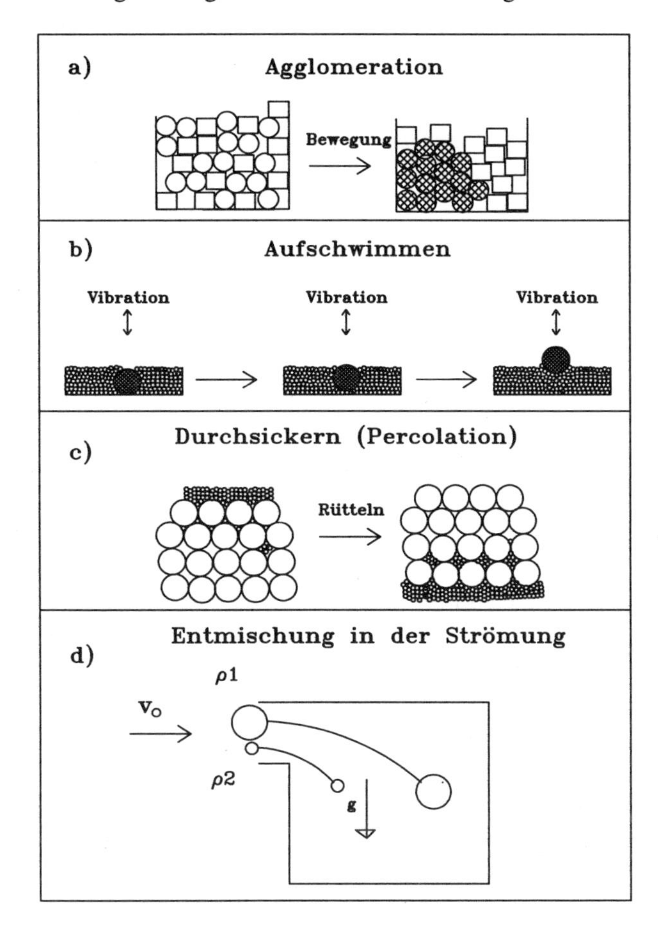

Abb. 2.2 Schematische Darstellung der Mechanismen beim Entmischen

Abbildung 2.2a zeigt für eine Mischung aus zwei Komponenten, wie Entmischung durch *Agglomeration* einer Komponente entsteht. Bei starken interpartikulären Kräften bilden sich Agglomerate. Damit diese Kräfte wirksam werden können, müssen die Partikel in engen Kontakt gebracht werden.

Bei Agglomeraten haften die Partikel beispielsweise aneinander durch Festkörperbrücken oder Formschluß. Bei Anwesenheit einer geringen Flüssigkeitsmenge können sich Partikel durch Flüssigkeitsbrücken verbinden. Elektrostatische Kräfte sorgen ebenfalls für den Zusammenhalt der Agglomerate. Gerade bei feineren Partikel unter 30 μm bewirken van-der-Waals-Kräfte, wechselseitig induzierte

Dipolkräfte, das Haften der Partikel aneinander. Um diese Agglomerate zu zerstören, muß Scherenergie in die Mischung eingebracht werden. Hierzu werden z. B. in den Mischraum hochtourig umlaufende Disperser eingebracht.

Agglomeration kann sich aber auch positiv auf die Vermischung auswirken. Enthält eine Feststoffmischung eine sehr feine Komponente mit Partikel im Submikronbereich (z. B. Pigmente), werden diese feinen Partikel die gröberen beschichten (coating). Es entsteht eine Mischung, die durch van-der-Waals-Kräfte stabilisiert und somit vor einer Entmischung geschützt ist.

Wird eine Feststoffmischung *vibriert*, *schwimmen* die größeren Partikel entgegen der Schwerkraft auf und sammeln sich an der Nähe der freien Oberfläche an. Abbildung 2.2b illustriert diesen Effekt für ein großes Partikel, das durch die Vibration ein wenig vom Behälterboden angehoben wird. Kleinere Partikel fließen in den Hohlraum und hindern das große Partikel daran, seine ursprüngliche Lage wieder einzunehmen. Besitzt die große Kugel eine hohe Dichte, verdichtet dieses Partikel beim Fallen die kleineren Partikel, was die Beweglichkeit der feinen Partikel weiter vermindert. Aber auch allein durch den geometrischen Sperreffekt des großen Partikel ist die Wahrscheinlichkeit gering, daß dieser Effekt umgekehrt verläuft, also ein größeres Partikel den Platz eines angehobenen kleinen Partikels einnimmt. Das große Partikel müßte auch hierzu mehrere kleinere verdrängen. Die Feststoffschicht läßt sich als eine Hintereinanderschaltung vieler Klassierer betrachten, die die größeren Partikel an der freien Oberfläche einer Materialschicht anreichern.

Der weitaus wichtigste Entmischungseffekt ist die *Percolation* (Abb. 2.2c). Die feineren Partikel rieseln durch die Zwischenräume der großen hindurch. Diese Zwischenräume wirken wie ein Sieb. Wird eine Feststoffmischung bewegt, öffnen sich kurzzeitig Zwischenräume zwischen den Partikeln, die dann bevorzugt von den feineren Partikeln passiert werden. Zwar ist der Trenngrad einer einzelnen Schicht schlecht, eine Pulverbett besteht jedoch aus einer Vielzahl von Schichten bzw. hintereinander geschalteten Klassierern, die insgesamt dann doch eine deutliche Aufteilung in Fein- und Grobanteil bewirken. Das Resultat der Percolation ist eine großräumige Entmischung. Percolation tritt selbst bei kleinen Unterschieden in der Partikelgröße auf [9, 52].

Wirtschaftlich bedeutendstes Beispiel ist der Schüttkegel, der z. B. beim Befüllen und Entladen von Bunkern entsteht. Auf der Kegeloberfläche bildet sich eine bewegliche Schicht mit hohem Geschwindigkeitsgradient aus, die wie ein Sieb den großen Partikeln die Passage ins innere des Kegels verwehrt. Daß die groben Partikel am Kegelmantel nach unten rutschen oder rollen, ist offensichtlich. Doch auch innerhalb des Kegels entstehen große schlecht gemischte Zonen. Besonders kritisch ist deshalb die Befüllung eines Silos bzw. dessen Entleerung aus einer zentralen Aufgabestelle. Kann beim Entleeren des Silos Massenfluß erreicht werden, d. h. der Siloinhalt verschiebt sich als Kolben nach unten, wird eine Entmischung vermieden.

Durch Schütteln lassen sich Flüssigkeiten effizient vermischen. Bei Feststoffen hingegen begünstigt Schütteln die Percolation und führt zur Entmischung [9].

Entmischung in der Strömung
Hierunter sind mehrere Effekte zusammengefaßt, die gemeinsam haben, daß ein Gas an den Entmischungsvorgängen beteiligt ist. An dieser Stelle wird nur auf die Entmischung im Feststoff eingegangen. Selbstverständlich gibt es auch eine Entmischung in der Gas/Feststoffströmung, wie sie z. B. gewollt im Zyklon erzwungen wird, die bewirkt, daß aus einer homogenen Gas/Feststoffsuspension sich Feststoff und Gas trennen und der Feststoff z. B. als Strähne oder Aggregat vorliegt [34].

Abbildung 2.2d zeigt zwei Partikel unterschiedlicher Größe und Dichte ρ, die horizontal mit der Geschwindigkeit v_0 in ein Silo eingeblasen werden. In der ruhenden Gasatmosphäre (Viskosität η) wirken auf die Partikel die Gewichtskraft und die Widerstandskraft, die eine Funktion der Relativgeschwindigkeit im Quadrat und des c_W-Wertes ist. Für laminar umströmte Partikel berechnet sich die horizontal durchflogene Strecke s mit Gleichung 2.1:

$$s = \frac{v_0 \rho_s d_p^2}{18\eta} \tag{2.1}$$

Der Partikelgröße geht quadratisch in den Flugweg ein, d. h. ein doppelt so großes Partikel legt die vierfache horizontale Strecke zurück. Dies führt ebenfalls zu einer Trennung der eingeblasenen Mischung.

Obige Gleichung gilt für ideal umströmte Partikel. Der ganze Vorgang wird erheblich komplexer, wenn nicht mehr von einer ideal umströmten Einzelkugel ausgegangen wird, sondern die Partikel in der Strömung in Wechselwirkung stehen. [52]. Werden Feststoffe z. B. in ein Silo dosiert, entsteht eine Zirkulationsströmung des Gases, in die bevorzugt die feinen Partikel eingesaugt werden.

Diese phänomenologische Beschreibung erhebt nicht den Anspruch auf Vollständigkeit. Entmischungsvorgänge sind noch nicht gänzlich verstanden, einen Literaturüberblick gibt Williams [9]. Er schlägt folgende Maßnahmen gegen Entmischung vor:

- Bei Zugabe einer kleinen Wassermenge bilden sich Wasserbrücken zwischen den Partikeln, die die Beweglichkeit der Partikel vermindern und so den Mischungszustand stabilisieren. Aufgrund des kohäsiven Verhaltens von Partikeln unter 30 µm (ρ_S=2-3 kg/l) nimmt die Entmischungsneigung unterhalb dieser Korngröße ab.
- Schiefe Ebenen, auf denen die Partikel abrollen, sind zu vermeiden.
- Generell ist eine gleichmäßige Körnung der Komponenten bei der Vermischung vorteilhaft.

3 Statistische Beschreibung des Mischungszustandes

Um die Effizienz eines Feststoffmischers zu beurteilen, ist eine quantitative Erfassung des Mischungszustandes notwendig. Hierzu muß festgelegt werden, welches *Merkmal* die Mischung charakterisiert. Dieses Merkmal ergibt sich aus dem Ziel des Mischungsvorganges, welcher beispielsweise eine gleichmäßige Verteilung der Komponenten (Zusammensetzung) oder eine einheitliche Temperatur in der Materialmenge erreichen soll. Unter Umständen kann eine gute Vermischung bezüglich mehrerer Merkmale gefordert sein, z. B. Zusammensetzung und Partikelgröße.

Wie schon in der Einleitung besprochen, ist für die Beurteilung einer Feststoffmischung das Volumen oder die Menge wesentlich, in der die Mischung möglichst homogen sein soll. Klassischerweise erfolgt eine Überprüfung des Mischungszustandes durch Entnehmen einer Anzahl Proben mit gerade diesem Volumen. Diese Proben werden daraufhin untersucht, wie breit das Merkmal zwischen den Proben streut. Die *Probengröße* stellt somit die Auflösung dar, mit der eine Mischung beurteilt werden kann. Je kleiner die Probengrösse, umso schärfer wird der Mischungszustand analysiert (s. Abb 3.1). Danckwerts bezeichnet dies als "*Scale of Scrutiny*" oder frei übersetzt als Meßlatte der Prüfung [4].

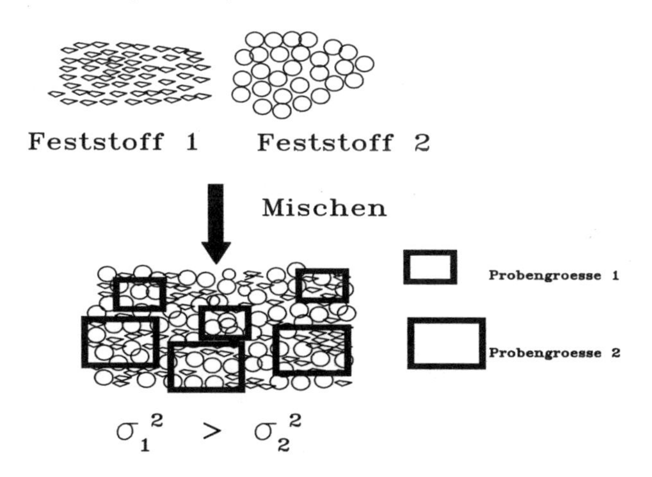

Abb. 3.1 Einfluß der Probengröße auf das Mischgütemaß

Die Festlegung der Probengröße ist somit ein wesentlicher Schritt einer Mischgüteanalyse, da er bereits die Mischaufgabe quantifiziert; eine sinnvolle Festlegung der Probengröße kann nur im Zusammenhang mit der weiteren Verwendung der Mischung geschehen. In der Pharmazie muß gewährleistet sein, daß die Wirkstoffkomponente gleichmäßig auf die einzelnen Tabletten einer Produktionscharge verteilt ist. Bei der Kontrolle des Mischungszustandes entspricht die Probengröße gerade einer Tablette. Weniger kritisch ist dies in der Grundstoffindustrie, wo Probengröße auch Tonnen betragen können. In vielen Prozessen, in denen Feststoffe eingesetzt werden, ist die richtige Probengröße weniger offensichtlich. Hierzu ein **Beispiel**:

Siliciumcarbid wird aus Quarzsand und Petrolkoks in einem elektrischen Widerstandsofen (Acheson-Ofen) hergestellt [5]. Die Reaktion ist stark endotherm:

$$SiO_2 + C \rightarrow SiO + CO$$

$$SiO + 2C \rightarrow SiC + CO$$

Nebenreaktionen:

$$SiO + C \rightarrow Si_g + CO$$

$$SiC + 2SiO_2 \rightarrow 3SiO + CO$$

$$C + Si_g \rightarrow SiC$$

Grundmaterial für den Aufbau einer Ofencharge ist neben Quarzsand mit einer typischen Partikelgröße von 0.5 mm Petrolkoks mit einer mittleren Partikelgröße von 3 mm. Die Rohstoffbestandteile müssen nach Babl und Steiner [5] "gut gemischt" vorliegen. Moderne Öfen haben ein Fassungsvermögen von 400 t Gemisch, die Aufheiz- und Reaktionszeit der Mischung beträgt ungefähr 40 Stunden. Eine hoher Umsatz der Edukte kann nur gelingen, wenn die beiden Reaktionspartner und die sie umgebenden gasförmigen Reaktionskomponenten in kleinen Volumina gemischt vorliegen, so daß eventuell durch (Gas)-Diffusion lokale Entmischungen ausgeglichen werden können. Der deutliche Unterschied der Partikelgrößen in den Hauptkomponenten wird sich in einer unterschiedlichen Beweglichkeit der Partikel zeigen, der beim Beladen des Ofens leicht zur Entmischung der Komponenten führen kann. Umgekehrt kann aber von einer niedrigen Ausbeute an SiC, d. h. einer schlechten Effizienz des Reaktors, nicht automatisch auf ein Mischproblem geschlossen werden, da hierfür noch weitere Ursachen denkbar sind.

Soll die Homogenität der Schüttung im Ofen überprüft werden, sind an verschiedenen Stellen im Ofen Proben zu entnehmen. Hierbei stellt sich wiederum die Frage nach der Probengröße. Wie groß darf die Zone der Entmischung maximal werden, ohne daß der Reaktionsablauf behindert wird? Die Beantwortung dieser Frage verlangt detailliertes Wissen über die bei der Reaktion ablaufenden chemischen und physikalischen Vorgänge. Die Reaktion beinhaltet mehrere Phasen, komplexe Wärmeleitungs- und Stoffübergangsvorgänge. Auskunft könnte hier eine Versuchsreihe im Labor geben, in der die beiden Komponenten Quarzsand und Petrolkoks übereinander geschichtet werden (Abb. 3.2).

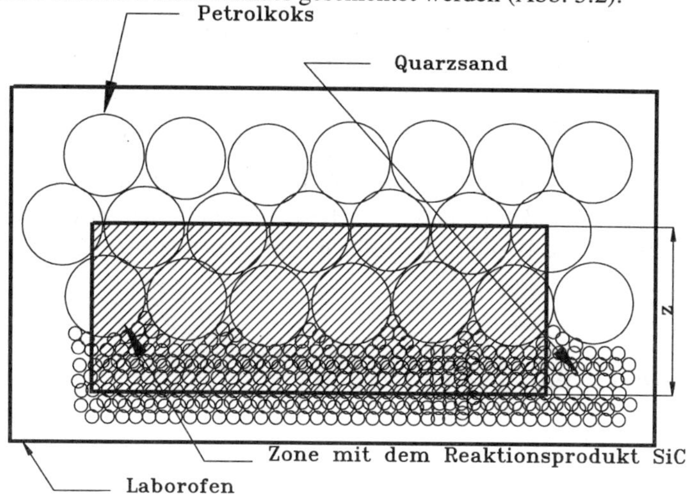

Abb. 3.2 Experimentelle Bestimmung des Probenvolumens $z \cdot z \cdot z$ im reagierenden Gemisch von Quarzsand und Petrolkoks

Da die beiden Komponenten entmischt vorliegen, wird nur in einem schmalen Bereich mit der Ausdehnung z senkrecht zur Trennfläche eine Reaktion und damit eine Umwandlung der Edukte zu SiC stattfinden. Übertragen auf die dreidimensionalen Vorgänge im Produktionsofen sollte dann das Probenvolumen z^3 betragen. Dieses Beispiel soll zeigen, daß die relevante Probengröße in vielen Fällen durch Experimente oder Modellrechnungen ermittelt werden muß. Ist dies geschehen, kann mit der Mischgüteanalyse gestartet werden.

Das klassische und allgemeine Verfahren besteht darin, daß man der Mischung an verschiedenen Orten Proben *gleicher Größe* nach dem *Zufallsprinzip* entnimmt und analysiert (Off-line-Analyse). Im obigen Beispiel der Siliciumcarbidherstellung kann man vereinfachend von einer Zweikomponentenmischung ausgehen. Aber auch Mehrkomponentenmischungen lassen sich als Zweikomponentenmischungen beschreiben, wenn eine besonders wichtige Komponente, z. B. der Wirkstoff in pharmazeutischen Produkten, als Tracerkomponente betrachtet wird, und alle anderen Komponenten zu einer gemeinsamen Komponente zusammengefaßt werden. Dies vereinfacht die statistische Beschreibung von Feststoffmischungen erheblich. Werden Zweikomponentenmischungen untersucht, ist es hinreichend für eine Beurteilung der Mischgüte, nur den Konzentrationsverlauf einer Komponente, des Tracers, zu verfolgen. Die Konzentration der anderen Komponente ergibt sich komplementär. Die Beschreibung erfolgt ganz analog, wenn die interessierende Eigenschaft bzw. das charakteristische Merkmal nicht die Konzentration, sondern Feuchte, Partikelform, oder Temperatur ist.

Die Konzentration des Tracers in der Mischung sei p und die der anderen Komponente q, so gilt die folgende Beziehung:

$$p + q = 1 \tag{3.1}$$

Zieht man aus der Mischung Proben einer bestimmten Größe und analysiert sie auf den Gehalt des Tracers, so werden die Tracerkonzentrationen x_i in den Proben um die Tracerkonzentration p in der ganzen Mischung (der sog. Grundgesamtheit) zufällig schwanken. *Die Qualität einer Mischung kann also nur mit statistischen Mitteln beschrieben werden.* Die Güte der Mischung ist umso besser, je kleiner die Schwankungen der Probenkonzentrationen x_i um die Mischungskonzentration p sind. Eine mathematische Größe, die häufig zur Beschreibung dieses Zusammenhangs verwendet wird, ist die *Varianz*, die deshalb häufig auch als *Mischgüte* definiert wird.

3.1 Die Varianz als Maß für die Mischgüte

Bei Mischgüteanalysen ist wie bei anderen Qualitätskontrollen eine statistische Interpretation der Analysenergebnisse notwendig. Ingenieuren, denen sowohl stochastische Prozesse als auch Statistik in ihrer Ausbildung meist nur in sehr knapper Form vermittelt werden, bereitet dies manchmal Schwierigkeiten. So überrascht es nicht, daß ein Wärmetauscher in der Regel besser evaluiert wird als ein Mischer, da hier den Bestellern eine eindeutige Spezifizierung gelingt. Bei Mischern werden bezüglich der Mischgüte aber häufig unsinnige Anforderungen gestellt. Eine saubere statistische Beschreibung kann dem abhelfen.

Die Qualität einer Mischung ist umso besser, je geringer die lokalen (Chargenmischen) oder zeitlichen Abweichungen (kontinuierliches Mischen) von der Konzentration p der Gesamtmischung sind. Mathematisch wird dies z. B. für eine 2-Komponentenmischung mit der *Varianz der Konzentration* σ^2 beschrieben. Die *Varianz* wird darum häufig als *Mischgüte* definiert. In der Literatur finden sich noch viele andere Definitionen für die Mischgüte, meist wird dabei die Varianz bezogen auf eine Anfangs- oder Endvarianz, die jedoch häufig für eine industrielle Anwendung zu kompliziert sind [50]. Die theoretische Varianz bei endlicher Probengröße berechnet sich wie folgt:

$$\sigma^2 = \frac{1}{N_g} \sum_{i=1}^{N_g} (x_i - p)^2 \tag{3.2}$$

Die Varianz wird ermittelt, indem man die gesamte Mischung, die Grundgesamtheit, in N_g Proben gleicher Größe aufteilt und in jeder Probe die Konzentration x_i bestimmt.

Analysiert man nicht die gesamte Mischung, sondern nur eine Anzahl n über die Grundgesamtheit *zufällig* verteilte Proben, erhält man die sogenannte *Stichproben-*

varianz S^2[1]. Wiederholt man dieses Vorgehen mehrmals, wird sich jedesmal ein neuer Wert für die Stichprobenvarianz ergeben, sie ist eine statistische Größe. Jedes S^2 stellt somit einen Schätzwert für die unbekannte Varianz σ^2 dar. In vielen Fällen ist die Konzentration p ebenfalls unbekannt, die Stichprobenvarianz ist dann mit dem *arithmetischen Mittel* μ der Probenkonzentrationen x_i definiert:

$$S^2 = \frac{1}{n-1} \sum_{i=1}^{n} (x_i - \mu)^2 \quad ; \quad \mu = \frac{1}{n} \sum_{i=1}^{n} x_i \tag{3.3}$$

Die Angabe der Stichprobenvarianz macht wenig Sinn, wenn man nicht angibt, wie genau sie die unbekannte, wahre Varianz σ^2 beschreibt. Wünschenswert ist also die Angabe eines Vertrauensintervalls für σ^2. Das Vertrauensintervall ist der Wertebereich, in dem mit einer bestimmten Wahrscheinlichkeit die Varianz σ^2 liegt. Zur Berechnung des Vertrauensintervalls benötigt man die Verteilung von S^2. Aus dem zentralen Grenzwertsatz läßt sich herleiten, daß die Probenkonzentrationen näherungsweise normalverteilt sind [6]. Ebenfalls ist bekannt, daß dann die Stichprobenvarianz eine χ^2-Verteilung mit dem Freiheitsgrad n-1 besitzt, wobei der Erwartungswert der Stichprobenvarianz der wahren Varianz entspricht:

$$E\{S^2\} = \sigma^2 \tag{3.4}$$

Die Wahrscheinlichkeit W, daß die Varianz in einem bestimmten Vertrauensintervall liegt, kann dann mit folgender Gleichung berechnet werden [7]:

$$W\left((n-1)\,\frac{S^2}{\chi_o^2} < \sigma^2 < (n-1)\,\frac{S^2}{\chi_u^2}\right) = \Phi(\chi_o^2) - \Phi(\chi_u^2) \tag{3.5}$$

$\Phi(\chi^2)$ ist die Summenfunktion der χ^2-Verteilung, $\chi^2 o$ bzw. $\chi^2 u$ bezeichnen die obere bzw. untere Schranke. $\Phi(\chi^2)$ ist in statistischen Lehrbüchern tabelliert. In der Mischtechnik wird meist ein einseitiges Konfidenzintervall benutzt; es interessiert nur die obere Grenze, die mit einer vorgegebenen Wahrscheinlichkeit die Varianz nicht überschreitet. Raasch und Sommer [7] zeigen, daß diese Forderung Gleichung 3.6 wie folgt verändert:

$$W\left(\sigma^2 < (n-1)\,\frac{S^2}{\chi_u^2}\right) = 1 - \Phi(\chi_u^2) \tag{3.6}$$

Um diesen Sachverhalt zu veranschaulichen, folgt ein Beispiel:
Aus einer Mischung wurden n=101 Proben gleicher Größe gezogen. Die Stichprobenvarianz berechnet sich nach Gl. 3.3. Die Zahl der Freiheitsgrade ist

---

[1] Die Stichprobenvarianz erlaubt zusätzlich zur Abschätzung der Mischgüte auch die Berechnung eines Vertrauensintervalles für die Konzentration p mit Hilfe der Studentverteilung.

n-1=100. Die Wahrscheinlichkeit, daß die Varianz kleiner als die obere Vertrauensgrenze sei, wird mit 95 % gewählt. Damit wird $\Phi(\chi^2_u) = 0{,}05$. Für χ^2u ergibt sich aus der Tabelle der Summenfunktion $\Phi[0{,}05; n-1]$ der Wert 77,9.

Tabelle 3.1 Werte der Summenfunktion χ^2_u (0,05) für eine Wahrscheinlichkeit von 95 % [nach Kreyszig, 8]

(n-1)	5	10	20	30	40	50	70	100
χ^2_u	1,15	3,94	10,85	18,5	26,5	34,8	51,7	77,9

Setzt man diese Werte in Gleichung 3.6 ein, ergibt sich: Mit einer Wahrscheinlichkeit von 95 % ist die Varianz der Mischung σ^2 kleiner als das 1.28-fache der gemessenen Stichprobenvarianz S^2. Dies mag erstaunen: Trotz der hohen Anzahl an Proben ist die obere Vertrauensgrenze immer noch 28 % über dem experimentell bestimmten Wert S^2! Für 11 Proben (n=11) beträgt die obere Grenze sogar das 2,5 fache der Stichprobenvarianz.
Abb. 3.3 zeigt die mit der Stichprobenvarianz normierte Größe des Vertrauensintervalls über der Anzahl der Stichproben n. Das Vertrauensintervall beschreibt die Genauigkeit der Analyse. Je kleiner das Intervall, umso exakter läßt sich die Mischgüte aus der gemessenen Stichprobenvarianz abschätzen. Bei wenigen Proben ist das Vertrauensintervall für die Mischqualität sehr groß. Die Beurteilung der Mischqualität erfordert bei hoher Genauigkeit (kleine Konfidenzintervalle) viele Stichproben. Dies macht Mischgüteanalysen aufwendig und teuer.

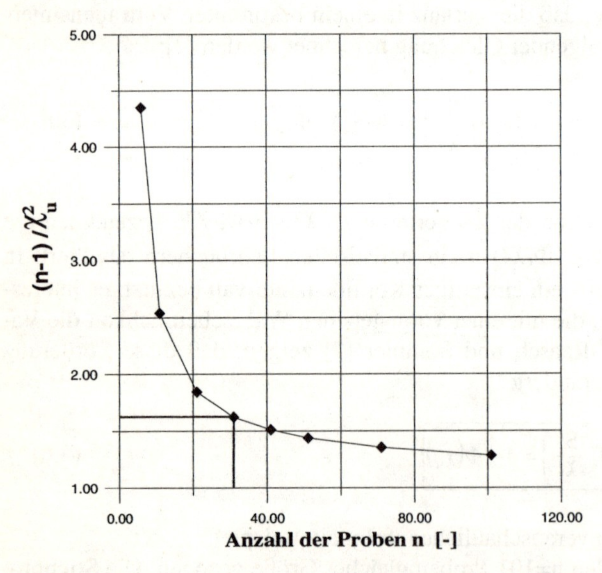

Abb. 3.3 Größe des einseitigen Konfidenzintervalls (95%) als Funktion der Anzahl der entnommenen Proben n, gemessen in Vielfachen von S^2, (vergl. Gleichung 3.6); Beispiel: Bei 31 entnommenen Proben nimmt die obere Grenze des Vertrauensintervalles für die Varianz den 1,6-fachen Wert der experimentellen Stichprobenvarianz S^2 an.

3.2 Ideale Mischungen

Wenn die Konzentration an jeder zufällig gewählten Stelle der Mischung in einer Probe beliebiger Größe gleich der Gesamtkonzentration ist, handelt es sich um eine *perfekte Mischung* [9]. Die Varianz der perfekten Mischung erreicht den Wert Null. Dies ist nur für Gase und Flüssigkeiten möglich, die molekular mischbar sind und denen die Proben um ein vielfaches größer sind als die Bestandteile der Mischung, die Moleküle. Sobald jedoch für Gasmischungen ein Detektorsystem existiert, mit denen Mischungszustände auf molekularer Ebene ermittelt werden können, wird selbst für solche Mischungen die Konzentration in den Proben stochastisch schwanken.
Bei Feststoffmischungen muß die Ausdehnung der Partikel zur Probengrösse oder Detektorfläche berücksichtigt werden. σ^2 hängt dann von der Probengröße ab. Es gibt zwei Grenzzustände maximaler Homogenität gleichbedeutend mit minimaler Varianz : die *geordnete Mischung* und die *Zufallsmischung*. Abb. 1.3 (Kapitel 1) zeigt schematisch Mischzustände für eine Zweikomponentenmischung. Die Partikel der einen Feststoffkomponente werden durch weiße Rechtecke dargestellt, die der anderen durch schwarze. Im Gegensatz zu Abb. 1.3 können reale Feststoffmischungen aus mehr als zwei Komponenten bestehen; ebenfalls können sich die Partikel der Komponenten sowohl in der Form als auch in der Größe deutlich unterscheiden.

Die geordnete Mischung:
Die Komponenten ordnen sich nach einem bestimmten Schema. Ob dies in der Praxis jemals vorkommt, ist umstritten. Es gibt die Vorstellung, daß aufgrund interpartikulärer Anziehungsvorgänge dieser Mischungszustand erreicht werden kann. Die interpartikulären Kräfte befinden sich im Wechselspiel mit der Gewichtskraft, die bei gröberen Partikeln einen derartigen geordneten Mischzustand verhindern würde. Für feine Partikel, also kohäsive Pulver, überwiegen die interpartikulären Kräfte. Geordnete Agglomerate oder beschichtete Partikel können entstehen. Teilweise wird nicht nur der Mischungszustand, sondern auch das Mischen von Pulvern, in denen diese Anziehungskräfte bedeutsam sind, als "ordered mixing" bezeichnet [11].

Egermann [12] weist jedoch daraufhin, daß man mit "geordneter Mischung" nur den Zustand beschreiben soll und nicht die Vermischung von feinen Pulvern mit großen interpartikulären Kräften. Um einen geordneten Mischungszustand zu erreichen, müßte eine regelmäßige, geordnete Adhäsion der feinen Komponente auf der gröberen erfolgen. Ein Mischvorgang sei aber immer ein Prozeß, der Unordnung schafft, nur eine Adhäsion in einer zufälligen Struktur sei erreichbar. Entsprechende Veröffentlichungen, die das Gegenteil annehmen, hätten sich inzwischen als fehlerhaft herausgestellt. Deswegen muß nach der Auffassung von Egermann klar zwischen dem Mischungszustand "geordnete Mischung" und dem Vermischen von Pulvern mit interpartikulären Kräften unterschieden werden.

Die Zufallsmischung:

Die Zufallsmischung stellt ebenfalls einen Idealzustand dar: Raasch [6] definiert die Zufallsmischung wie folgt:

Eine gleichmäßige Zufallsmischung liegt vor, wenn die Wahrscheinlichkeit, ein Mischungselement in irgendeinem Teilbereich des betrachteten Raumes anzutreffen, zu jedem Zeitpunkt für alle gleich großen Teilbereiche gleich groß ist.

Dies bedingt, daß die Partikel frei beweglich sind. Für eine 2-Komponentenmischung, in der die Partikel gleich groß sind, berechnet sich die *Zufallsmischung* nach Lacey wie folgt [13]:

$$\sigma^2 = \frac{p \cdot q}{n_p} \tag{3.7}$$

p bezeichnet die Konzentration der einen Komponente in der Mischung, q die der anderen (q=1-p) und n_p die Anzahl der Partikel in der Probe. Zu beachten ist, daß die Varianz der Zufallsmischung mit zunehmender Probengröße n_p abnimmt. Für ein *vollständig entmischtes System* berechnet sich die Varianz nach Gleichung 3.8:

$$\sigma^2_{entmischt} = p \cdot q \tag{3.8}$$

Gleichung 3.7 ist ein sehr vereinfachtes Modell, keine reale Mischung besteht aus Partikeln gleicher Größe. Für die praktische Anwendung ist gleichfalls ungünstig, daß zur Berechnung der idealen Mischung nach Gleichung 3.7 die Partikelanzahl in der Probe bekannt sein muß, üblicherweise jedoch die Masse einer Probe bestimmt wird. Stange [14] berechnete 1954 die Varianz einer Zufallsmischung, in der die Komponenten eine Partikelgrößenverteilung besitzen. Er berücksichtigt für jede Komponente die mittlere Partikelmasse m_p bzw. m_q und die Standardabweichung der Partikelmasse σ_p bzw. σ_q. Diese Größen sind hierbei aus der Anzahlverteilung zu ermitteln[2]. Den Quotienten aus Standardabweichung und mittlerem Partikelgewicht bezeichnet er mit der "Variabilität" c:

$$c_p = \frac{\sigma_p}{m_p} \quad ; \quad c_q = \frac{\sigma_q}{m_q} \tag{3.9}$$

Die Variabilität ist ein Maß für die Breite der Partikelgrößenverteilung, je größer c, umso breiter ist die Kornverteilung. Die Probengröße wird nun praktischerweise durch die Masse M und nicht mehr durch die Anzahl der Partikel n_p wie in Gl. 3.7 beschrieben. Für die Varianz der Zufallsmischung gibt Stange folgende Beziehung an:

$$\boxed{\sigma^2 = \frac{pq}{M}\left[pm_q\left(1+c_q^{\,2}\right)+qm_p\left(1+c_p^{\,2}\right)\right]} \tag{3.10}$$

2 siehe auch das Beipiel im Kap. 4

Besitzen die Komponenten ein enges Kornspektrum, d.h. c_q und c_p sind klein, nimmt die Varianz der Zufallsmischung ab. Gleiches wird mit einer Zerkleinerung der Partikel erreicht, da dann die mittleren Kornmassen abnehmen. Die Varianz der Zufallsmischung ist wie in Gl. 3.7 ebenfalls umgekehrt proportional zur Probengröße. Gleichung 3.8 zur Berechnung desVarianz für ein völlig entmischtes System gilt auch, wenn p und q als Massenkonzentration definiert sind.
Sommer [15] berücksichtigt bei der Berechnung der *Varianz der idealen Zufallsmischung* die tatsächlichen Partikelgrößenverteilungen der Komponenten. Er unterscheidet 2 Fälle:

1) Die beiden Komponenten der Mischung besitzen die gleiche Partikelgrößenverteilung:

$$\sigma^2(x) = \frac{p}{M}\int_0^1 g(\hat{R})d\hat{R} - \frac{2p^2}{M}\int_0^1 (1-\hat{R})\cdot\int_0^{\hat{R}} \frac{g(\varsigma)}{(1-\varsigma)^2}d\varsigma d\hat{R} \tag{3.11}$$

"p" bezeichnet den mittleren Gehalt der Tracerkomponente, "M" die Masse der Probe, "$\hat{R}$" den Rückstand und "$g(\hat{R})$" die Abhängigkeit der Masse eines Partikels vom Rückstand. Diese wird aus der Partikelgrößenverteilung berechnet, indem man den Partikeldurchmesser in eine Partikelmasse umformt.

2) Eine Komponente ist deutlich größer als die andere, ihre Verteilungen überschneiden sich nicht.

Nach Sommer berechnet sich die Varianz der Zufallsmischung nach Gleichung 3.12:

$$\sigma^2(x) = \frac{q^2 p}{M}\cdot\int_0^1 \frac{g(Q_3^c)}{(q-p\cdot Q_3^c)^2}\, dQ_3^c \tag{3.12}$$

"c" ist der Index für die größeren Partikel, "Q_3^c" die Korngrößendurchgangsverteilung.

3.3 Ausdehnung und Intensität der Entmischung

3.3.1 Analyse im Zeitbereich mit der Autokovarianzfunktion

Die im vorigen Kapitel dargestellte Erfassung der Mischgüte mittels der Varianz stellt die klassische Analyse von Mischprozessen dar. Die Probengröße und zulässige Varianz wird nach dem Verwendungzweck der Mischung festgelegt. Die Proben werden zufällig dem Materialstrom oder dem Mischer entnommen. Dies minimiert die Anzahl der erforderlichen Proben, die allerdings immer noch beträchtlich ist, wie vorhergehend gezeigt wurde. Gerade die **zufällige** Probenahme ist jedoch sehr aufwendig. So dürfen z. B. in einem Mischer kein Ort bei der Probenahme bevorzugt sein, da dies zu drastischen Verfälschungen der Mischanalyse führen könnte. Dies wird vermieden, indem man z. B. den Mischraum in eine Vielzahl durchnumerierter Zellen aufteilt. Mithilfe von Zufallszahlen wird ein kleiner Teil dieser Zellen selektioniert und aus diesen derart zufällig ausgewählten Zellen Proben entnommen und die Varianz ermittelt.

Häufig wird jedoch statt der zufällige Probenahme die **systematische** Probenahme gewählt, wie sie in Abb. 3.4 dargestellt ist. Unter systematische Probenahme wird hierbei verstanden, dass die Proben in regelmässigen zeitlichen oder lokalen Abständen entnommen werden:

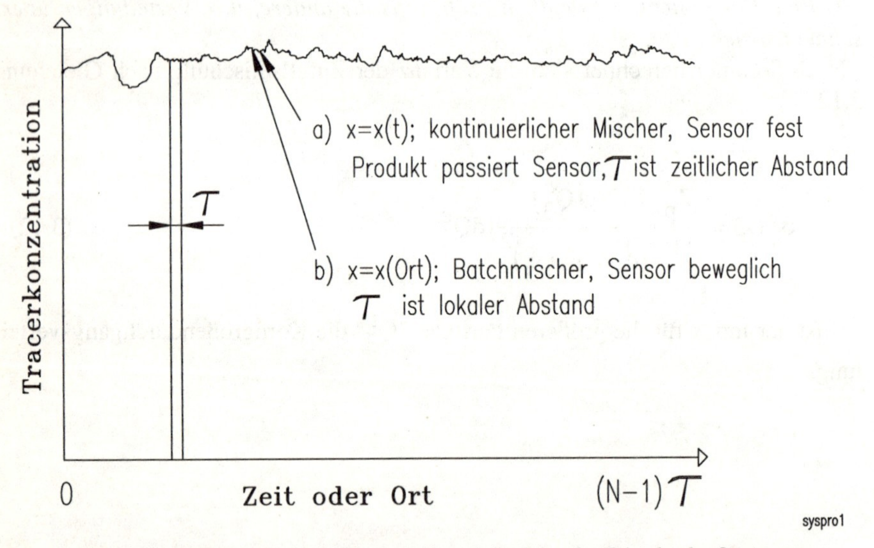

Abb. 3.4 Systematische Probenahme: die Konzentration als Funktion der Zeit oder des Ortes

Werden diese systematischen Messungen ausgewertet, bedarf es besonderer Vorsicht. Wird nur die Varianz herangezogen, um den Mischungszustand zu beurteilen, kann es zu krassen Fehlaussagen kommen, wenn der Abstand τ

zwischen den Proben oder Messungen mit der Periode einer im Prozess existierenden Fluktuation übereinstimmt.

Bei systematischen Messungen muß also versucht werden, die Anzahl der Proben derart zu steigern, daß der Mischprozeß durch ein dichtes Netz von Meßpunkten beschrieben wird. Dies kann nur durch eine On-line-Messung erreicht werden, bei der Probenahme und Analyse automatisiert sind und es so möglich ist, den Mischprozeß mit hoher Zeit- oder Raumauflösung zu verfolgen. Aus der Meß- und Regelungstechnik ist bekannt, daß ein Konzentrationsverlauf durch eine systematische on-line-Messung erst dann vollständig erfaßt wird, wenn die Abtastfrequenz der on-line-Messung mindestens doppelt so hoch ist, wie die höchste Frequenz ist, die im Prozess vorkommt (Abtasttheorem von Shannon).

Es gibt zur Zeit leider kein On-line-Meßsystem, daß für die Vielzahl industrieller Mischprozesse eine derartige Kontrolle erlauben würde. Für bestimmte Modellgemische ist jedoch eine on-line-Überwachung möglich, ein Beispiel wird im Kapitel 5 vorgestellt.

Stange [16, s. a. 15] analysiert erstmals systematische Messungen und vergleicht Fehler, die durch zufällige und systematische Probenahme entstehen. Gezeigt wird dies an einem Beispiel, indem der Aschegehalt einer Kohle, die eine Aufbereitungsanlage verlässt, ermittelt wird. Obwohl hierbei die Proben manuell mit größerem Zeitabstand genommen werden (Probenahme vom Band), zeigt er, daß bei einer genauen Analyse die Korrelation oder Verwandschaft zwischen den Proben, das Autokorrelogramm, bekannt sein muß. Dies trifft genau so für Messungen zu, die mit einem on-line-System ermittelt wurden.

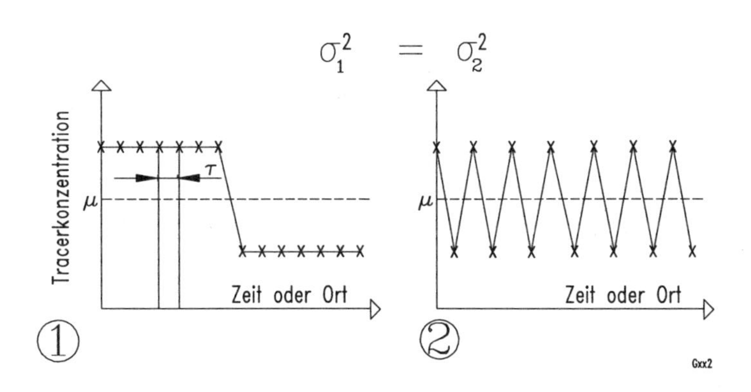

Abb. 3.5 Doppeldeutigkeit der Varianz bei der Beschreibung der Mischgüte einer Pulvermischung

Die Varianz reicht zur Analyse systematischer Messungen nicht aus. Generell besitzt sie folgende Nachteile bei der Analyse von Mischprozessen:

- Sie enthält keine Informationen über die Struktur der Mischung. Abb. 3.5 zeigt zwei Mischungen, die zwar dieselbe Varianz aufweisen, aber dennoch eine unterschiedliche Mischstruktur besitzen. Korrekt gibt sie jeoch die Schwankungs-

breite der Konzentration um den Mittelwert wieder. Für viele Anwendungen ist dies ausreichend.
- Die Varianz wird durch die Probengröße verändert. Nur für die Zufallsmischung und vollkommen entmischte Systeme ist der funktionale Zusammenhang zwischen der Varianz und der Probengröße bekannt. Im ersten Fall ist die Varianz umgekehrt proportional der Probengröße, im zweiten bleibt sie von von der Probengröße unbeeinflußt (vergl. Gl. 3.7 und 3.8).

Dankwerts [4] schlug vor, die Homogenität einer Mischung mit zwei Größen zu beschreiben: "**scale of segregation**" und "**intensity of segregation**". Die "intensity of segregation" oder das "**Ausmaß der Entmischung**" bezeichnet die Varianz. "Scale of segregation" kann mit "**Ausdehnung der Entmischung**" übersetzt werden. Das Konzept hinter dem "scale of segregation" ist einfach. Nimmt man aus einer Mischung Proben in einem festen zeitlichen oder örtlichen Abstand τ, so wird zwischen benachbarten Proben eine Korrelation bestehen, sie sind "verwandt". Diese "Verwandschaft" wird mit wachsendem Abstand abnehmen, sofern in der Mischung keine Fluktuationen oder eine großräumige Trennung der Komponenten stattgefunden hat. Mathematisch wird die Verwandschaft durch das *Autokorrelogramm* ausgedrückt. Die Charakterisierung von Feststoffgemischen mit dem Autokorrelogramm und verwandten statistischen Funktionen wird im folgenden diskutiert.

Gegeben ist ein Konzentrationsverlauf über der Zeit (Zeitreihe). Ein deratiger Konzentrationsverlauf wie in Abb. 3.4 kann zum Beispiel das Resultat einer online-Messung am Ausgang eines kontinuierlichen Mischers sein oder einer systematischen Probenahme vom Transportband. Die nachfolgend vorgestellte Analyse ist auch gültig, wenn der Konzentrationsverlauf nicht als Funktion der Zeit (Zeitreihe) sondern des Ortes gegeben ist.

Wir gehen davon aus, daß zumindest näherungsweise der Mischprozess stationär läuft.[1] Stationarität bedeuted, daß beim kontinuierlichen Mischen alle relevanten Grössen wie Füllgrad oder Dosierströme ebenfalls stationär sind. Beim Batchmischen müssen alle Anfahrvorgänge bereits abgeschlossen sein. Dann lässt sich der Konzentrationsverlauf (x(t)) statistisch mit der **Autokovarianzfunktion** $\mathbf{C_{XX}(\tau)}$ beschreiben [17]:

$$C_{XX}(\tau) = \lim_{T \to \infty} \frac{1}{T} \int_{t=0}^{T} \{x(t) - \mu\}\{x(t+\tau) - \mu\} dt \qquad (3.13)$$

Sie beinhaltet als Parameter den zeitlichen Abstand τ. Die Autokovarianzfunktion ist inzwischen in vielen wissenschaftlichen Computerprogrammen enthalten. Heute liegt die Schwierigkeit nur noch darin, eine derartige Menge systematischer Meßdaten zu bekommen, daß eine Berechnung der Autokovarianzfunktion sinnvoll ist. Noch zu den Zeiten Stanges oder Danckwerts war die Berechnung einer Autokovarianzfunktionen oder des daraus abgeleiteten Autkorrelogramms

[1] Die Analyse gilt für stätionäre, ergodische Zufallsprozesse [17].

sehr mühselig und zeitaufwendig. Dies ist sicher ein Grund für die beschränkte Verbreitung des scale of segregation. Die Autokovarianzfunktion ist eng verwandt mit der **Autokorrelationsfunktion $R_{XX}(\tau)$**, sie unterscheiden sich um den additiven Term μ^2, also den quadrierten Mittelwert der Tracerkonzentration in den Proben:

$$C_{XX}(\tau) = R_{XX}(\tau) - \mu^2 \tag{3.14}$$

Das **Autokorrelogramm** $\rho_{XX}(\tau)$ ist die mit der Varianz normierte Autokovarianzfunktion:

$$\boxed{\rho_{XX}(\tau) = \frac{C_{XX}(\tau)}{\sigma^2}} \tag{3.15}$$

Der Betrag des Autokorrelogramms ist immer kleiner gleich 1:

$$|\rho_{xx}(\tau)| \leq 1 \tag{3.16}$$

Ist die "Verwandschaft" zwischen Proben im Abstand τ maximal, wird $\rho_{XX}(\tau)$ gleich 1. Bei einem Zufallsprozeß, wie einer Zufallsmischung, besteht keinerlei Korrelation zwischen den Messungen oder Proben, für alle Werte vom Abstand τ wird $\rho_{XX}(\tau)$ zu Null. Nur für den Abstand Null, also der Identität, erreicht das Autokorrelogramm der Zufallsmischung den Wert 1; ein derartiger Verlauf wird auch als Deltafunktion bezeichnet (s für C_{xx} Abb. 3.6). Reale Mischungen liegen zwischen diesen beiden Extremen. Wird der Abstand τ immer größer, nimmt die Verwandschaft und damit die Korrelation ab. Die Mischung wird zufällig. Bourne[18] und Stange [19] diskutieren Modelle für den Verlauf des Autokorrelogramms in Mischungen von Feststoffen. Lacey und Mirza [20] bestimmten Autokorrelogramme in einem Y-Mischer. Danckwerts [4] definiert den **linear scale of segregation l_0** (Lineare Ausdehnung der Entmischung) als Fläche unter dem Korrelogramm:

$$\boxed{l_0 = \int_{\tau=0}^{\infty} \rho_{xx}(\tau)d\tau} \tag{3.17}$$

l_0 beinhaltet die Strukturinformation der Mischung; l_0 ist ein Maß für die mittlere Größe der Ballen in der Mischung, die zu hohe oder niedrige Konzentrationen beinhalten, und damit eine erhöhte Varianz erzeugen. l_0 besitzt die Einheit des Meßintervalles, also Meter bei einer örtlichen bzw. Sekunden bei einer zeitlichen Messung. Für den letzteren Fall kann zum Beispiel eine Normierung mit dem Massenstrom erfolgen, der vor dem Detektor vorbeistreicht.

$$l_0^* = \dot{m} \cdot l_0 \tag{3.18}$$

Dann ergibt sich die charakterischen Ballengröße in Kilogramm.

Es gilt also: *Die Varianz σ^2 beschreibt das Ausmaß der Entmischung und die lineare Ausdehnung der Entmischung l_0 ermöglicht eine Abschätzung der Größe der entmischten Zonen, die diese erhöhte Varianz erzeugen.*

Diese detailliertere Beschreibung fordert jedoch ihren Preis: Zur Bestimmung des Korrelogramms bedarf es noch mehr Stichproben als bereits zur Bestimmung der Varianz benötigt werden. Stange [19] stellte übrigens zeitgleich zu Danckwerts analoge Überlegungen an. Er leitet folgende Beziehung her, die es ermöglicht, die Konzentrationsvarianz der Tracerkomponente zu berechnen, wenn die Probengröße (Index N) N-fach eine Grundgröße (Index 1) übertrifft. Man benötigt hierzu Varianz und Autokorrelogramm der Tracerkonzentration, die aus, der Mischung entnommenen, Proben mit der Grundgröße (Index 1) ermittelt wurden.

$$\sigma_N^2 = \frac{\sigma_1^2}{N}\left[1 + 2\sum_{i=1}^{N}\left(1 - \frac{i}{N}\right)\rho_{xx}(i)\right] \tag{3.19}$$

Es gibt wenig Meßwerte über den Verlauf des Korrelogramms in realen Mischungen von Pulvern, obwohl eine Mischung erst mit Varianz und Korrelogramm bzw. Autokovarianzfunktion ausführlich beschrieben ist. Ziel experimenteller Arbeiten sollte es darum sein, zahlreiche Messungen zu sammeln, damit die Angabe eines Autokorrelogramms möglich wird. Abbildung 3.6 faßt die statistische Analyse von Zeitreihen zur Mischungsanalyse zusammen; zudem wird die eng verwandte Analyse von Zeitreihen im Frequenzbereich, die Gegenstand des nächsten Abschnittes sein wird, dargestellt.

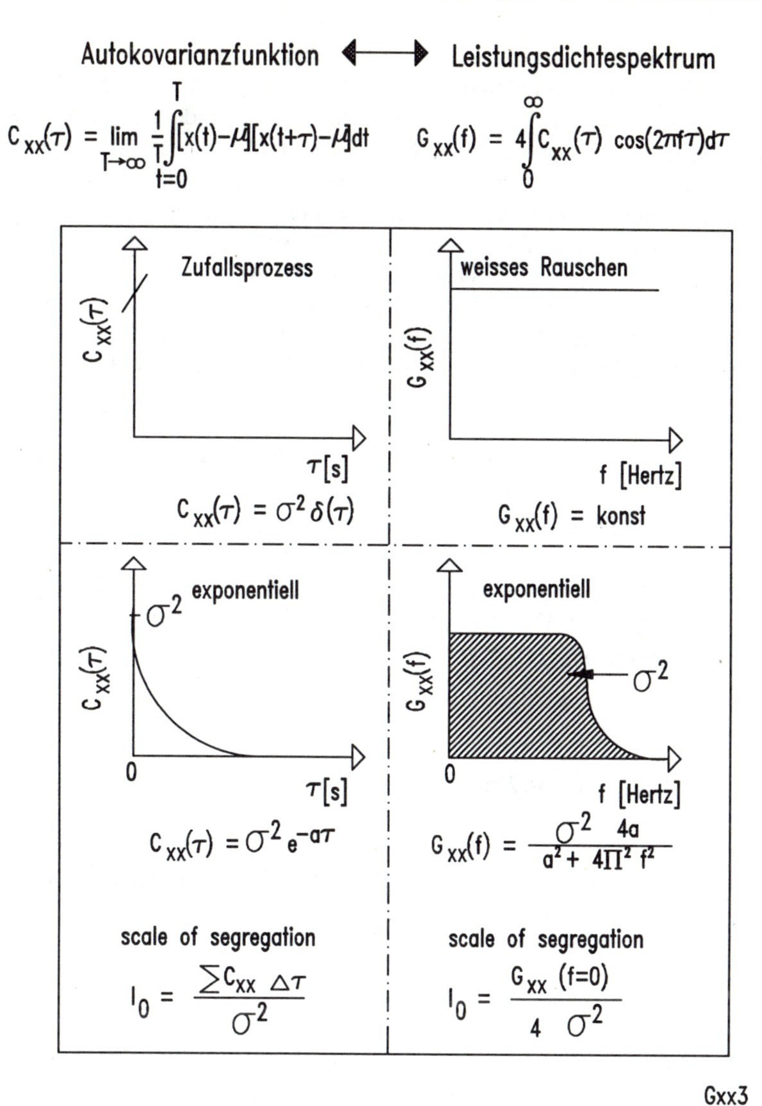

Abb. 3.6 Die Beschreibung von Mischungen im Zeit- und Frequenzbereich mit Autokovarianzfunktion und Leistungsdichtespektrum

3.3.2 Frequenzanalyse mit dem Leistungsdichtespektrum

Die gerade dargestellte Statistik im Zeitbereich hat einen jüngeren Konkurrenten, die statistische Analyse im Frequenzbereich. Hauptsächlich angewandt wird die Frequenzanalyse in der Meß- und Regelungstechnik. Dort stellt sich die Aufgabe, Zeitreihen von Meßwerten statistisch auszuwerten. Beliebter als die Verwendung der Autokovarianzfunktion ist in diesem Bereich aber die statistische Auswertung gesammelter Daten im Frequenzbereich (Frequenzanalyse), indem man das **Leistungsdichtespektrum** berechnet. Dies bietet sich besonders dann an, wenn die Daten mit einem Computer (on-line-Messung) erfaßt wurden. Seitdem in den siebziger Jahren ein schneller Algorithmus für die Fouriertransformation, die Fast-Fourier-Transformation, entwickelt wurde, ist der Siegeszug des Leistungsdichtespektrums nicht aufzuhalten. Ebenso wie die Autokovarianzfunktion eignet es sich auch zur Analyse periodischer Prozesse (s. Kap. 8).

Die Analyse im Frequenzbereich bedingt eine mathematische Operation, die Fouriertransformation der Daten. Die Fouriertransformierte der Tracerkonzentration berechnet sich in diskreter Form nach Bendat/Piersol [17] wie folgt:

$$X_k = X(k\Delta f) = \Delta t \sum_{n=1}^{N} x_n \exp\left(-j2\pi\frac{kn}{N}\right) \qquad k = 1,2,3...N \tag{3.20}$$

$\Delta t = T/N$, T = Meßdauer , N = Anzahl der Messungen

Leistungsdichtespektrum und Autokovarianzfunktion sind nach Geering eng miteinander verwandt [21]. Das einseitige Leistungsdichtepektrum G_{XX} ist mit der Autokovarianzfunktion $C_{XX}(\tau)$ über die Fouriertransformation verknüpft (siehe Abb. 3.6).

$$G_{XX}(f) = 4\int_0^\infty C_{XX}(\tau)\cos(2\pi f\tau)d\tau;\ 0 \le f < \infty \tag{3.21}$$

Aufgetragen wird G_{XX} über der Frequenz, wobei der diskrete Frequenzabstand Δf das Abstandsintervall τ ersetzt:

$$\Delta f = 1/T \tag{3.22}$$

Umgekehrt erhält man aus der inversen Fouriertransformation des Leistungsdichtespektrums wieder die Autokovarianzfunktion:

$$C_{xx}(\tau) = \int_0^\infty G_{xx}(f)\cos(2\pi f\tau)df \tag{3.23}$$

Auf diesem Weg via Leistungsdichtespektrum und anschliessender inverser Fouriertransformation berechnen übrigens heute die meisten Computerprogramme die Autokovarianzfunktion.

Im vorigen Unterkapitel wurde dargestellt, daß das Autokorrelogramm für die Zufallsmischung für $\tau = 0$ den Wert 1 annimmt und für alle anderen τ den Wert Null (Delta-Funktion). Aus den Gleichungen 3.15 und 3.13 folgt damit, daß die Autokovarianzfunktion C_{XX} der Zufallsmischung ebenfalls eine Deltafunktion (s. Abb.3.6) ist mit:

$$C_{xx}(\tau = 0) = \sigma^2 \quad C_{xx}(\tau \neq 0) = 0 \tag{3.24}$$

Aus den Gleichungen 3.23 und 3.24 leitet sich ab:

$$\boxed{C_{xx}(\tau = 0) = \sigma^2 = \int_0^\infty G_{xx}(f)df} \tag{3.25}$$

Die Fläche unter dem Leistungsdichtespektrum ist gleich der Varianz. Das Leistungsdichtespektrum kann also als Varianzdichteverteilung aufgefaßt werden. Ganz analog gilt mit Gleichung 3.21:

$$G_{xx}(f = 0) = 4\int_0^\infty C_{xx}(\tau)d\tau \tag{3.26}$$

Die letzte Gleichung dient nun dazu, den Zusammenhang zwischen **Leistungsdichtespektrum** und dem **linear scale of segregation** l_0 herzustellen:

$$l_0 = \int_{\tau=0}^{\infty} \rho_{xx}(\tau)d\tau \tag{3.27}$$

$$\rho_{xx}(\tau) = \frac{C_{xx}(\tau)}{\sigma^2} \tag{3.28}$$

$$\Rightarrow l_0 = \frac{G_{xx}(f = 0)}{4 \cdot \sigma^2} \tag{3.29}$$

Der lineare Maßstab der Entmischung l_0, der ein Gefühl dafür vermittelt, wie groß ungemischte Ballen in der Mischung sind, wird aus dem Leistungsdichtespektrum bei f=0 bestimmt, indem man den Wert $G_{xx}(0)$ durch die vierfache Varianz teilt. Die Varianz ist dabei die Fläche unter dem Leistungsdichtespektrum (vergl. Abb. 3.6).Wie weiter oben erwähnt, besitzt die Zufallsmischung eine Autokovarianzfunktion mit Deltafunktion bei τ=0 mit der Fläche σ^2; im Leistungsdichtespektrum wird die Zufallsmischung durch eine Linie parallel zur Abszisse beschrieben (Abb. 3.6). Dies wird in der Regelungstechnik als *weißes Rauschen* bezeichnet. Die Zufallsmischung ist wie das weiße Rauschen ein theoretischer Grenzfall und in der Realität nicht existent.

Beipiel einer Zeitreihenanalyse mit dem Leistungsdichtespektrum

Siliciumcarbid wird in einem kontinuierlichen Mischer (Multiflux, Gericke AG) mit Aluminiumhydroxid vermischt. Beide Komponenten werden dem Mischer mit konstantem Massenstrom zudosiert. Es werden zwei Versuche gefahren, um den Einfluß der Werkzeuganstellung im Multiflux auf das Mischergebnis zu überprüfen, die beiden Konfigurationen werden mit Multiflux I bzw. II bezeichnet. Details der Versuche finden sich in [30]. Die Konzentration des Siliciumcarbids am Mischerausgang wird mittels eines faseroptischen Meßsystems alle 0,2 Sekunden ermittelt (s. Kap. 5). Nach jeweils 4096 Messungen erhält man die in Abb. 3.7a dargestellten Zeitreihen, d. h. Konzentration der Tracerkomponente SiC über der Zeit.

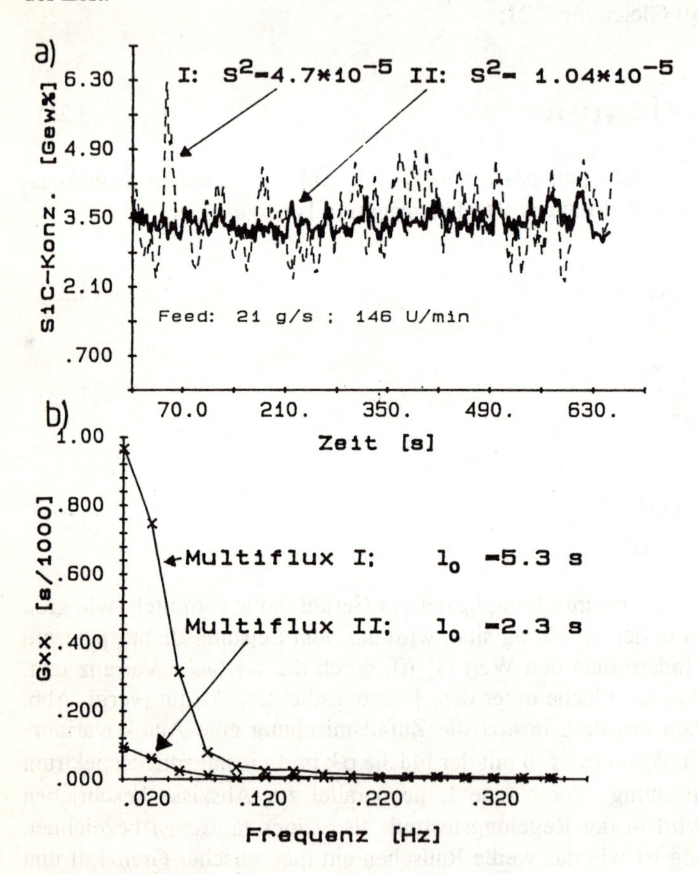

Abb. 3.7 Konzentrationsschwankungen **a)** und Leistungsdichtespektren **b)** des Siliciumcarbid am Ausgang der kontinuierlichen Multiflux I- und II-Mischer ermittelt mit faseroptischen Meßsystem Gemisch: Tracer SiC ($d_{p50,3}$= 26 μm) mit $Al(OH)_3$ ($d_{p50,3}$= 70 μm)

Es fällt auf, daß die Schwankungen der Tracerkonzentration für den Multiflux II deutlich kleiner ausfallen. Kleinere Schwankungen respektive Varianz kennzeichnen somit die bessere Mischwirkung des Multiflux II. Das Ausmaß der Entmischung (intensity of segregation) ist gegenüber dem Multiflux I klein.

Bei einer genauen Betrachtung der beiden Zeitreihen erkennt man, daß die Korrelation der Konzentrationssignale für den Multiflux I über einen längeren Meßzeitraum bestehen bleibt. Dies ergibt sich klarer aus der Frequenzanalyse der beiden Zeitreihen (Abb. 3.7b). Die Fläche unter dem Leistungsdichtespektrum entspricht der bereits oben berechneten Varianz. Der Multiflux I produzierte auch hier die klar schlechtere Mischung mit der höheren Varianz. Zudem dominieren in diesem Spektrum die tiefen Frequenzen, während beim Multiflux II die Varianz gleichmäßiger (und auf niedrigerem Niveau) über alle Frequenzen verteilt ist, hier nähert man sich der idealen Zufallsmischung. Berechnet man aus den Spektren die *scale of segregation* l_0 bzw. die jeweilige *Ausdehnung der Entmischung* (s. Gl. 3.29), ergibt sich für den Multiflux I 5.3 s, hingegen für den Multiflux II nur 2.3 s. Der Multiflux II vermischt also deutlich feiner.

Praktische Bestimmung des Leistungsdichtespektrums

Noch vor 25 Jahren war die Berechnung des Leitungsdichtespektrums außerordentlich rechenaufwendig. Mittlerweile ist inzwischen die Analyse einer Zeitreihe mittels Leistungsdichtespektrum oder Autokovarianzfunktionen in vielen wissenschaftlichen Computerprogrammen enthalten. Seitdem mit der schnellen Fourier Transformation ein schneller Algorithmus hierfür zur Verfügung steht, werden die Funktionen im Zeitbereich meist aus dem Leistungsdichtespektrum berechnet. Trotz dieser guten Vorraussetzungen genügt häufig die in wissenschaftliche Publikationen verwendete Auswertung von Zeitreihen nicht den Minimalanforderungen. Präsentiert wird meist ein "rohes", keiner weiteren Analyse unterzogenes Leistungsdichtespektrum. Deswegen folgt eine kleine Anleitung zur praktischen Bestimmung des Leistungsdichtespektrums. Ausgangsbasis ist die Abweichung der Konzentration vom Mittelwert der Stichprobe:

$$\hat{x} = x - \mu \tag{3.30}$$

Zur Bestimmung des Leistungsdichtespektrums benutzt man folgende Definition:

$$G_{xx}(f_k) = \lim_{T \to \infty} \frac{2\left|\hat{X}(k\Delta f)\right|^2}{T} \tag{3.31}$$

Auch hier läßt sich, wie bei der Varianz, nur ein Schätzwert $\hat{G}_{xx}$ für G_{xx} bestimmen, da eine unendlich dauernde Messung unmöglich ist. $\hat{G}_{xx}$ ist, wie die Varianz, χ^2 verteilt.

$$\hat{G}_{xx}(f_k) = \frac{2\left|\hat{X}(k\Delta f)\right|^2}{T} \quad ; k = 0,1,......,\frac{N}{2}; f_k = k\Delta f \tag{3.32}$$

Die Schätzung läßt sich in ihrer Genauigkeit verbessern, indem man die Messung $\{x(t)\}$ über die Zeitdauer T_d in n_d Abschnitte der Dauer $T=T_d/n_d$ unterteilt. Jeder Abschnitt enthält N Meßpunkte. Für jeden dieser Abschnitte wird das Leistungsdichtespektrum nach Gleichung 3.32 berechnet. Diese werden nachher gemittelt [17]:

$$\boxed{\hat{G}_{xx}(f_k) = \frac{2}{n_d N\Delta t}\sum_{i=1}^{n_d}\left|\hat{X}_i(f_k)\right|^2} \tag{3.33}$$

Wie Bendat und Piersol [17] zeigen, gilt mit einer Wahrscheinlichkeit von 95%:

$$\left(1-\frac{2}{\sqrt{n_d}}\right)\cdot\hat{G}_{xx}(f) \le G_{xx}(f) \le \left(1+\frac{2}{\sqrt{n_d}}\right)\cdot\hat{G}_{xx}(f) \tag{3.34}$$

Gleichung 3.33 gibt einen Weg zur praktischen Berechnung des Leistungsdichtespektrums an:

1) Miß die Konzentration über einen Zeitraum T_d.
2) Unterteile diese Meßserie in n_d gleiche Teilstücke T.
3) Berechne die Abweichungen vom Mittelwert (Gl. 3.30)
4) Fouriertransformiere diese Teilstücke, z. B. mit einem Fast Fourier Algorithmus einer wissenschaftlichen Software (Falls nötig, korrigiere durch Multiplikation mit Hanning-Fenster [17])
5) Berechne das einseitige Leistungsdichtespektrum (Gl. 3.33)

3.4 Mischgüte - eine Zusammenfassung

Die im diesem Kapitel vorgestellte Mathematik erscheint auf der ersten Blick komplex. Doch wie bei vielen Dingen werden durch Übung und Anwendung die vorgestellten Begriffe dem Anwender sehr schnell klar. Zum Abschluß noch ein kleiner Überblick über dieses Kapitel (vergl. Abb. 3.8):

Mischgüte oder intensity of segregation:
Meist wird die Qualität einer Mischung danach beurteilt, wie groß in einer Anzahl Proben die Abweichung einer Tracerkonzentration von der mittleren Tracerkonzentration in der Mischung ist. Mathematisch wird dies mit der *Varianz* der Tracerkonzentration ausgedrückt. Die Varianz wird üblicherweise zur Charakterisierung einer Pulvermischung herangezogen. Sie ist das Mischgütemaß, daß sich mit der geringsten Anzahl an Proben (zufällige Probenahme) ermitteln läßt. Aus stochastischen Gründen sollte jedoch die minimale Probenanzahl größer als 25 sein, so daß der analytische Aufwand für eine Mischgüteanalyse immer noch beträchlich ist. Die zufällige Auswahl der Proben stellt ebenfalls hohe Anforderungen an die Probenahme. Zufällige Probenahme und Auswertung mit der Varianz stellt das Standardverfahren dar und ist breit anwendbar.

Scale of segregation oder Ausdehnung der Entmischung
Zieht man hingegen systematisch in einem festen Abstand Proben, und dies erfolgt bei allen automatisierten Meßmethoden (on-line, in-line oder in-situ), lassen sich Aussagen über die Struktur der Mischung machen, dem sogenannten "linear scale of segregation". Die Berechnung der *Autokovarianzfunktion* ist hierzu erforderlich. Eine andere Beschreibung des Mischungszustandes liefert das *Leistungsdichtespektrum*, daß, mit modernen Computerprogrammen berechnet, sehr schnell eine derartige Analyse liefert. Die Verwandschaft zu bisherigen in der Mischtechnik angewandten Methoden wurde aufgezeigt, hierzu wurde eine geeignete Definition des Leistungsdichtespektrums verwendet.

Für eine Beschreibung des Mischungszustandes benötigt man im Zeitbereich Mittelwert und Autokovarianzfunktion (Varianz) und im Frequenzbereich Mittelwert und Leistungsdichtespektrum.

Das Leistungsdichtespektrum wie die Autokovarianzfunktion eignen sich auch zur Analyse periodischer Prozesse. Dies wird im Kapitel 8 noch beschrieben. Beide setzen einen sehr umfangreichen Datensatz heraus, wie er nur mit on-line Messungen ermittelt werden kann. Speziell bei diesen Techniken muß aber gerade bei Feststoffsystemen noch einiges an Entwicklungsarbeit geleistet werden.

Qualität einer 2-Komponenten-Feststoffmischung

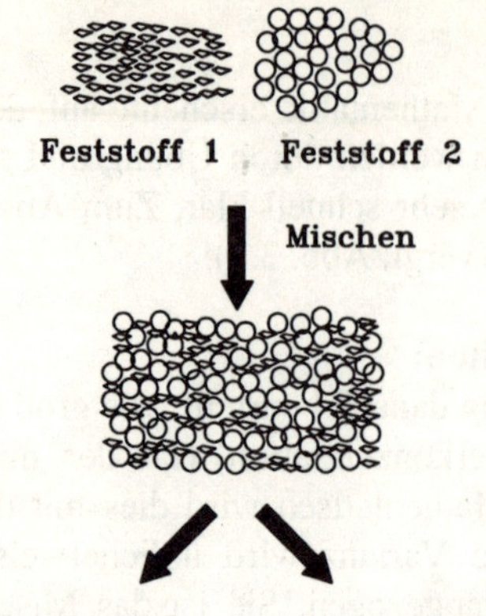

zufällige Probenahme | **On-line-Messung**

Konzentrationsverteilung in einem Probensatz | **Konzentrationsverlauf**

Mischgütemass

Varianz	**Leistungsdichtespektrum (Autokovarianzfunktion)**
- zeigt Ausmass der Entmischung	- Ausmass und Struktur der Entmischung
- Mischgütemass ändert sich mit Probengrösse	- Mischgütemass ändert sich mit Messvolumen
- viele Proben für genaue Aussagen erforderlich	- sehr grosser Datensatz erforderlich

Abb. 3.8 Mischgüte - Zusammenfassung

4 Beispiel: Mischgüte einer Sand - Zement -Mischung

In diesem Kapitel wird eine Mischgüteanalyse in Form einer Übung dargestellt. Dies gibt dem Leser die Möglichkeit, Teile der theoretisch anspruchsvollen statistischen Grundlagen des letzten Kapitels anzuwenden.

Drei Tonnen einer **Sand** (80 Gewichtsprozent) - **Zementmischung** (20 Gewichtsprozent) sind erstellt worden. Die Qualität dieser Mischung ist zu überprüfen. Hierzu wurden zufällig (stochastische Probenahme) 30 Proben à 2 kg der Materialmischung entnommen und der Sandgehalt in diesen Proben bestimmt. Die Körnung des Sandes bzw. des Zements sind durch Siebanalysen ermittelt worden.

Tabelle 4.1 Korngrößenverteilung des Sandes und Zements aus Siebanalysen

Summenverteilung des Sandes (Durchgang); ρ_{Sand}= 2650 kg/m^3		Summenverteilung des Zementes; (Durchgang) ρ_{Zement}= 3150 kg/m^3	
Korngrößenklasse $d_{p,Sand,i}$ [mm]	Massenanteil dQ_{sand} [-]	Korngrößenklasse $d_{p,Zement,i}$ [mm]	Massenanteil dQ_{zement} [-]
0,1 - 0,5	0,01	< 0,01	0,01
0,5 - 1	0,15	0,01 - 0,025	0,1
1,0 - 3,0	0,4	0,025 - 0,04	0,29
3,0 - 7,0	0,44	0,04 - 0,09	0,55
		0,09 - 0,1	0,05
	$\Sigma = 1$		$\Sigma = 1$

Der Massenanteil des Sandes $\mathbf{x_i}$ [$kg_{sand}/kg_{Mischung}$] beträgt in den Proben:
3 Proben à 0,75; 7 à 0,77; 5 à 0,79; 6 à 0,81; 7 à 0,83; 2 à 0,85

Aufgabe: Die *Mischgüte*, definiert als Varianz des Massenanteils an Sand in der Mischung, ist zu bestimmen. Sie soll verglichen werden mit der Varianz für ein völlig entmischtes System und der idealen Varianz einer Zufallsmischung. Wie ändert sich die ideale Varianz, wenn die Größe der Proben 1 bzw. 10 kg beträgt?

Lösung:

4.1 Mischgüte

Zunächst wird die Stichprobenvarianz S^2 berechnet, mit dem dann eine obere Grenze für die wahre Varianz σ^2 angegeben werden kann (vergl. Gleichung 3.1 u. 3.2). Hierzu wird die mittlere Konzentration p des Sandes in der Gesamtmischung von 3 Tonnen mit dem Stichprobenmittel μ abgeschätzt[1].

$$\mu = \frac{1}{n}\sum_{i=1}^{n} x_i = \frac{1}{30}\sum_{i=1}^{30} x_i = 0{,}797 \tag{4.1}$$

$$\begin{aligned} S^2 &= \frac{1}{n-1}\sum_{i=1}^{n}(x_i-\mu)^2 = \frac{1}{29}\sum_{1}^{30}(x_i-0{,}797)^2 \\ &= \frac{1}{29}\left(3\cdot 0{,}047^2 + 7\cdot 0{,}027^2 + 5\cdot 0{,}007^2 + 6\cdot 0{,}013^2 + 7\cdot 0{,}033^2 + 2\cdot 0{,}053^2\right) \\ &= 9{,}04\cdot 10^{-4} \end{aligned} \tag{4.2}$$

Für die Wahrscheinlichkeit W, die die Größe des Vertrauensintervalles für die Varianz σ^2 bestimmt, wird 95 % gewählt. Mit Gleichung 3.6 berechnet sich dann eine obere Grenze (einseitiges Vertrauensintervall) für die Varianz σ^2:

$$W\left(\sigma^2 < (n-1)\frac{S^2}{\chi_u^2}\right) = 0{,}95 = 1 - \Phi\left(\chi_u^2\right) \Rightarrow \Phi\left(\chi_u^2\right) = 0{,}05 \tag{4.3}$$

Aus der Tabelle der Summenfunktion $\Phi\left(\chi_u^2; n-1\right)$ der χ^2-Verteilung (Tabelle z. B. in Kreyszig [8]) ergibt sich für eine Anzahl von 29 Freiheitsgraden χ_u^2 zu 17,7.

$$\sigma^2 < (n-1)\frac{S^2}{\chi_u^2} = 29\cdot\frac{9{,}04\cdot 10^{-4}}{17{,}7} = 14{,}8\cdot 10^{-4} \tag{4.4}$$

---

[1] Wird die Stichprobenvarianz S^2 mit der wahren Konzentration p = 0,8 berechnet, erscheint im Nenner der Formel n statt n-1.

Abschließend kann daher mit einer Wahrscheinlichkeit von 95% gesagt werden, daß die Mischgüte σ^2 besser (gleich kleiner) als $14{,}8 \cdot 10^{-4}$ ist. Zur Erinnerung: Je kleiner die Varianz, um so kleiner die Schwankungen, um so besser ist die Mischgüte.

Unter Annahme einer Normalverteilung der Konzentration kann nun auch mit diesem Wert für die Varianz auch ein Vertrauensintervall für die Konzentration angegeben werden:

$$\mu - \frac{t_{W,n-1} \cdot S}{n} \leq p \leq \mu + \frac{t_{W,n-1} \cdot S}{n} \qquad (4.5)$$

$t_{W,n-1}$ ist dabei der sogenannte Studentfaktor und ist für verschiedene Wahrscheinlichkeiten und Freiheitsgrade n-1 in mathematischen Formelsammlungen in tabellarischer Form dargestellt. Für 29 Freiheitsgrade und eine Wahrscheinlichkeit von 95 % ergibt sich $t_{95\%,29}$ zu 2,04. Ganz analog wie bei der Varianz wird auch die Größe des Vertrauensintervalles für die Konzentration p von der Anzahl der Stichproben n bestimmt.

- *Varianz eines völlig entmischten Systems:*

Als Vergleichswert kann die Varianz eines völlig entmischtes Systems berechnet werden (vergl. 3.8):

$$\sigma^2_{\text{entmischt}} = p \cdot q = 0{,}8 \cdot 0{,}2 = 0.16 \qquad (4.6)$$

Dies ist der schlechteste Wert (weil größte Wert) für die Mischgüte (Zum Vergleich: Die Mischung besitzt eine Mischgüte von $14{,}8 \cdot 10^{-4}$.). Da er die Mischung beispielsweise beschreibt, wenn die Komponenten vor dem eigentlichen Mischungsvorgang getrennt vorliegen, wird manchmal die ermittelte Varianz nach dem Mischvorgang auf diesen Ausgangswert bezogen.

4.2 Varianz einer idealen Zufallsmischung nach Stange

Die Mischgüte kann nach Stange für den Idealfall einer Zufallsmischung mit folgender Formel (vergl. Gl. 3.10) berechnet werden:

$$\sigma^2 = \frac{pq}{M}\left[pm_q\left(1+c_q^{\,2}\right)+qm_p\left(1+c_p^{\,2}\right)\right] \qquad (4.7)$$

mit

$$c_p = \frac{\sigma_p}{m_p} \quad ; \quad c_q = \frac{\sigma_q}{m_q} \tag{4.8}$$

Die Variationskoeffizienten c_p bzw. c_q wie auch die mittleren Partikelmassen m_p und m_q stellen Größen dar, die aus der Anzahlverteilung Q_0 ermittelt werden müssen. Gegeben sind aber Siebanalysen (Durchgang) vom Sand und Zement, also die entsprechenden Massenverteilungen Q_3. Mit der Methode der Momente können diese Verteilungen ineinander übergeführt werden [65]. Stange selbst in seinem Lehrbuch "Angewandte Statistik - Erster Teil" [64] eine eng verwandte graphische Methode an, wie sich die Produkte $m_q(1+c_q^2)$ und $m_p(1+c_p^2)$ aus den Resultaten der Siebanalysen berechnen. Hierzu wird über dem Durchgang die Kornmasse aufgetragen. Unter Annahme einer kugeligen Teilchenform ergeben sich die Kornmassen aus den Partikeldurchmessern mit nachstehenden Formeln.

$$\hat{m}_{p,i} = \frac{\pi}{6}\rho_{Sand} \cdot (d_{p,Sand,i})^3 \text{ bzw. } \hat{m}_{q,i} = \frac{\pi}{6}\rho_{Zement} \cdot (d_{p,Zement,i})^3 \tag{4.9}$$

Abbildung 4.1 - 4.4 zeigen die Q_3-Verteilungen für Sand und Zement und die daraus gewonnenen Diagramme der jeweiligen Kornmasse über Durchgang.

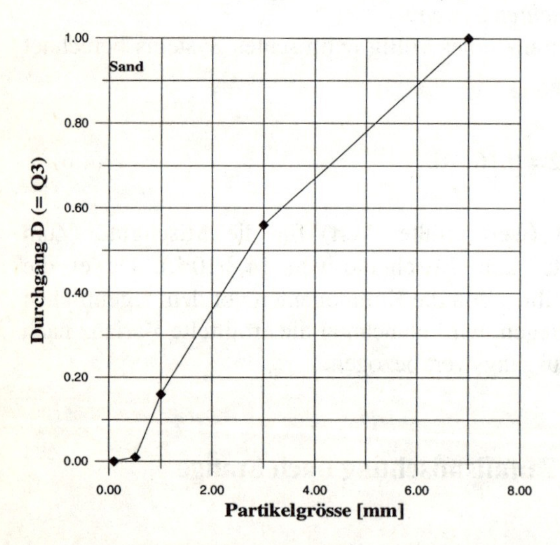

Abb. 4.1 Korngröße des Sandes - Summenverteilung (Durchgang) Q_3

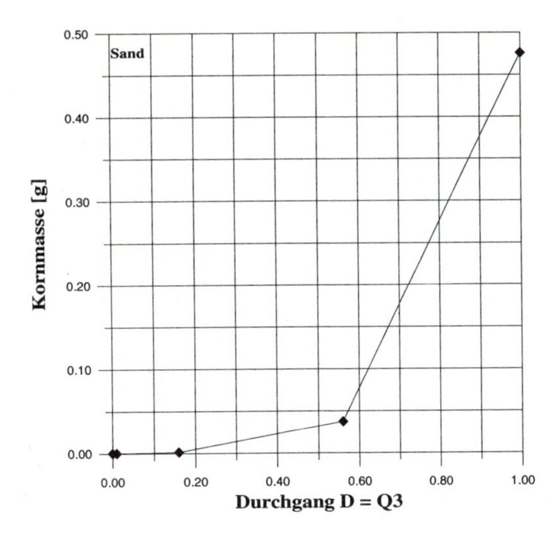

Abb. 4.2 Kornmasse des Sandes in Funktion des Durchgangs Q_3

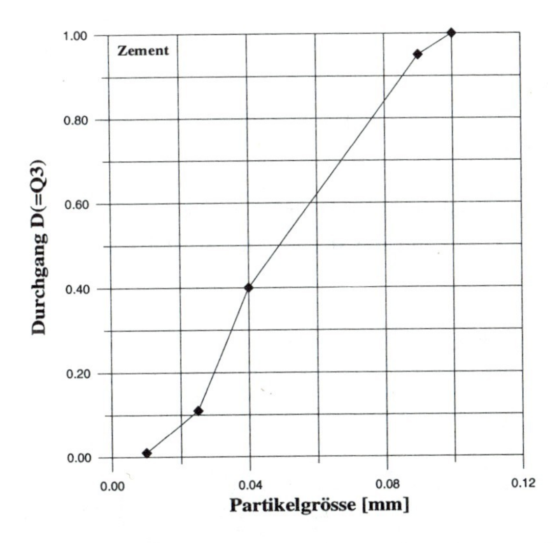

Abb. 4.3 Korngröße des Zements - Summenverteilung (Durchgang) Q_3

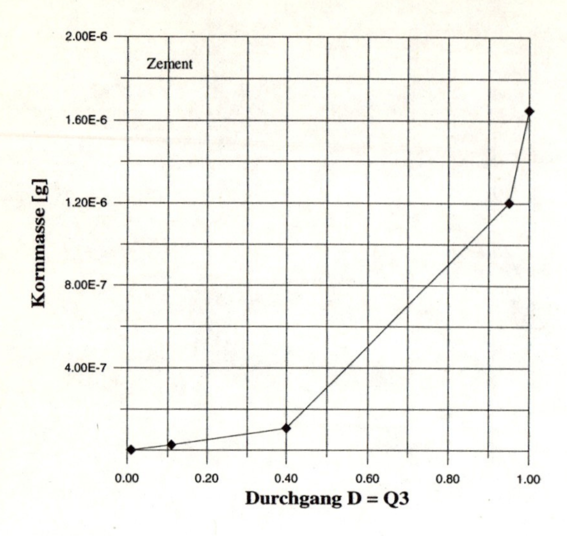

Abb. 4.4 Kornmasse des Zements in Funktion des Durchgangs Q_3

Integriert man nun die Kornmassen $\hat{m}_{p,i}$ und $\hat{m}_{q,i}$ als Funktion des Durchgangs D, erhält man die gewünschten Produkte[2]:

$$\begin{aligned} m_p\left(1+c_p{}^2\right) &= \int_{D=0}^{1} m_{p,i}(D)dD &&= 0{,}121 \text{ g} \\ m_q\left(1+c_q{}^2\right) &= \int_{D=0}^{1} m_{q,i}(D)dD &&= 4{,}51\cdot 10^{-7} \text{ g} \end{aligned} \tag{4.10}$$

Die Zahlenwerte für den gerade vorgestellten Berechnungsgang sowie auch die Werte der Diagramme sind in Tabelle 4.2 und 4.3 dargestellt, so daß der Leser seinen Rechnungsgang überprüfen kann.

Tabelle. 4.2: Berechnung des Produktes in der Formel von Stange für Sand

Korngrössenklasse	Massenanteil dQ =dD	Durchgang D = Q3	obere Intervallgrenze	obere Kornmasse	Kornmasse in
[mm]	[-]	[-]	dp,Sand,i [mm]	[g]	Intervallmitte ·dD
0-0.1	0	0	0.1	1.39E-06	0.00E+00
0.1- 0.5	0.01	0.01	0.50	1.73E-04	8.74E-07
0.5 - 1 .0	0.15	0.16	1	1.39E-03	1.17E-04
1.0-3.0	0.4	0.56	3	3.75E-02	7.77E-03
3.0-7.0	0.44	1	7	4.76E-01	1.13E-01
				Produkt von Stange	**0.121 g**

[2] Hinweis: Bei der diskreten Integration werden jeweils die Kornmassen in den Intervallmitten $\left(D+\frac{\Delta D}{2}\right)$ herangezogen.

Tabelle 4.3: Berechnung des Produktes in der Formel von Stange für Zement

Korngrössenklasse	Massenanteil dQ =dD	Durchgang D = Q3	obere Intervallgrenze	obere Kornmasse	Kornmasse in
[mm]	[-]	[-]	dp,Zement,i [mm]	[g]	Intervallmitte ·dD
0-0.01	0.01	0.01	0.010	1.65E-09	8.25E-12
0.01-0.025	0.1	0.11	0.025	2.58E-08	1.37E-09
0.025-0.04	0.29	0.4	0.040	1.06E-07	1.90E-08
0.04-0.09	0.55	0.95	0.090	1.20E-06	3.60E-07
0.09-0.1	0.05	1	0.100	1.65E-06	7.13E-08
				Produkt von Stange	**4.51E-07 g**

Mit der Probengröße von 2 kg ergibt sich nun eine Varianz für die ideale Zufallsmischung von

$$\begin{aligned}\sigma^2 &= \frac{0{,}8\cdot 0{,}2}{2\text{kg}}\left[0{,}8\cdot 4.51\cdot 10^{-7}\text{g}+0{,}2\cdot 0{,}121\text{g}\right]\\ &= 1{,}94\cdot 10^{-6}\end{aligned} \qquad (4.11)$$

Die beiden Komponenten Sand und Zement unterscheiden sich deutlich in der mittleren Partikelgröße. Dieser Unterschied wird beim Vergleich der Partikelmassen noch deutlicher. Dies hat zur Folge, daß für die Berechnung der idealen Varianz nur die Körnungsverteilung der deutlich gröberen Komponente Sand eingeht. Stange selbst hat daher für diesen Spezialfall folgende Vereinfachung seiner Gleichung vorgenommen:

$$\boxed{\sigma^2 = \frac{pq^2}{M}\left[m_p\left(1+c_p{}^2\right)\right] \quad \text{für} \quad m_p >> m_q \ ; p \cong q} \qquad (4.12)$$

4.3 Einfluß der Probengröße auf die Varianz einer idealen Zufallsmischung

Die Probengröße M erscheint im Nenner, die Varianz einer idealen Zufallsmischung ist also umgekehrt proportional zur Probengröße M:

$$\begin{aligned}&\frac{\sigma_1^2}{\sigma_2^2} = \frac{M_2}{M_1} \Rightarrow \sigma_2^2 = \frac{\sigma_1^2\cdot M_1}{M_2}\\ &M_2 = 1\text{kg:} \quad \sigma_2^2 = 4{,}58\cdot 10^{-6}\\ &M_2 = 10\text{kg:} \ \sigma_2^2 = 4{,}58\cdot 10^{-7}\end{aligned} \qquad (4.13)$$

Die Wahl der Probengröße bestimmt also wesentlich den Zahlenwert für die Mischgüte, obwohl die Qualität der Mischung für alle drei Probengrößen gleich, nämlich ideal ist.
Fazit: Es können nur Zahlenwerte von Mischgüten verglichen werden, die auf gleichen Probengrößen beruhen.

Die Varianz ist folglich kein absolutes Maß für die Mischgüte. Ihr numerischer Wert ändert mit der Probengröße, aber auch beispielweise mit der Einheit der Konzentration x bzw μ. Desweiteren können nur Zahlenwerte für Mischgüten verglichen werden, wenn die mittlere Konzentration p bzw. μ gleich sind.

5 Messung der Mischqualität mit Off- und On-line-Verfahren

Im vorigen Kapitel wurde erläutert, wie Meßwerte mit statistischen Methoden ausgewertet werden und so die Effizienz eines Mischprozesses beurteilt werden kann. Der Einfluß der Probengröße wie auch der systematischen oder zufälligen Probenahme auf die Analyse wurde diskutiert. In diesem Kapitel steht die Gewinnung der Meßdaten im Vordergrund. Die Verfahren, die hierbei zur Anwendung kommen, lassen sich in **Off-** und **On-line-Verfahren** untergliedern (s. Abb. 5.1).

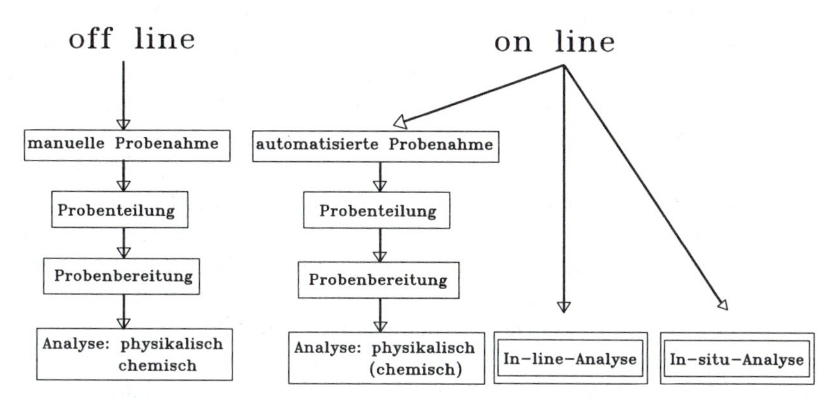

Abb. 5.1 Off- und On-line-Verfahren zur Ermittlung verfahrenstechnischer Prozeßgrößen

Der Mischvorgang verteilt eine oder mehrere Eigenschaften in einer Materialmenge gleichmäßig. Dabei kann es sich um **physikalisch** erfaßbare Eigenschaften wie z. B. Größe, Form, Feuchte oder Farbe der Partikel handeln. Häufig soll jedoch die Vermischung **chemisch** unterschiedlicher Komponenten untersucht werden. In der linken Hälfte von Abbildung 5.1 sind die Off-line-Verfahren schematisch dargestellt. Aus der Materialmenge wird ein gewisser Teil (zufällig oder systematisch) entnommen. Diese Proben sind häufig zu groß für eine nachfolgende Analyse, die Probe muß dann zunächst geteilt werden. Viele Analyseverfahren, z. B. die chemische Analyse von Feststoffen mittels Infrarotspektroskopie, verlangen eine Aufbereitung der Probe vor der Analyse. Bei all diesen Stufen besteht die Gefahr, daß der Mischungszustand in den Proben verändert wird. Wird ein Mischprozeß untersucht, dessen Effizienz durch die Varianz $\sigma^2_{Prozess}$ charakterisiert werden kann, liefern alle Off- und On-line Verfahren diese nur indirekt:

$$\boxed{\sigma^2_{Beobachtung} = \sigma^2_{Prozess} + \sigma^2_{Messung}} \qquad (5.1)$$

Die beobachtete Varianz $\sigma^2_{Beobachtung}$ enthält auch die Varianz aufgrund des Meßverfahrens $\sigma^2_{Messung}$, die durch Fehler systematischer und zufälliger Art bei der Probeentnahme - teilung, -bereitung und der eigentlichen Analyse entsteht. Der Genauigkeit eines Analysegerätes wird bei der Anschaffung oft große Aufmerksamkeit geschenkt. Doch auch die vorherige Probeentnahme und Aufbereitung muß hohen Ansprüchen genügen, damit gilt:

$$\sigma^2_{Prozess} >> \sigma^2_{Messung} \Rightarrow \sigma^2_{Prozess} = \sigma^2_{Beobachtung} \qquad (5.2)$$

Ermöglicht durch Fortschritte in der Sensortechnik und Datenverarbeitung werden vermehrt verfahrenstechnische Prozesse mittels **On-line-Verfahren** vollständig überwacht (Abb. 5.1). Scarlett [53] zählt zu den On-line-Verfahren auch **In-line-** und **In-situ-**Verfahren. Der große Technologiesprung von den Off-line-Verfahren zu den On-line-Verfahren liegt darin, daß der ganze Prozeß der Probenaufbereitung und Analyse automatisiert wurde. Durch diese Automation kann die Anzahl der Meßdaten erheblich gesteigert werden und ermöglicht somit eine umfassendere statistische Analyse und im Idealfall sogar eine Regelung des Prozesses. Die On-line-Verfahren müssen meist genau auf den Prozeß angepaßt werden, der apparative und investitionsmässige Aufwand ist ungleich höher. Die Genauigkeit der Analyse im Labor, wie sie bei den Off-line-Verfahren existiert, läßt sich bei den On-line-Verfahren nicht verwirklichen. Daher müssen On-line-Verfahren regelmäßig durch Labormessungen (off line) überprüft werden. Meist nutzen On-line-Verfahren physikalische Effekte, wie z. B. die Lichtstreuung zur Bestimmung der Partikelgröße. Für die chemische Analyse von Feststoffen existiert noch kein On-line-Verfahren, einzig im Lebensmittelsbereich aber auch der Rohmaterial-identifizierung in der Pharmazie werden mit faseroptischen Sonden ausgestattete Nahinfrarotspektrometer eingesetzt [54]. Diese erfassen die spezifische Adsorption chemischer Gruppen an der Oberfläche der Partikel. Basieren diese Spektrometer auf moderner Diodenarraytechnologie, wird ein Spektrum über den ganzen Wellenlängenbereich im Bruchteil einer Sekunde ermittelt.
Zu den On-line-Verfahren werden auch *In-line-* und *In-situ-Verfahren* gezählt. Diese letzten beiden Verfahren vermeiden Probenahme und nachgeschaltete Aufbereitungsschritte (s. Abb. 5.1). Unter in-line versteht man lokale Messungen direkt im Prozeß. Dabei soll der lokale Sensor natürlich den Prozeß möglichst wenig stören. Unter in situ wird eine direkte Messung integral über einen Querschnitt

verstanden, ohne daß jedoch der Sensor mit dem Prozeßmaterial in Berührung kommt.

5.1 Probenahmeverfahren

Ziel der Probenahme ist es, mit einer kleinen analysierten Teilmenge die gesamte Materialmenge zu charakterisieren. Gerade bei Feststoffsystemen ist dies nur schwierig zu realisieren, da technische Feststoffsysteme, die immer eine Verteilung von Korngröße, Form oder Dichte aufweisen, sich auch bei der Probeentnahme aufgrund des spezifischen Bewegungsverhalten der Komponenten entmischen können(vergleiche Kapitel 3).
Allen [55] formuliert *2 goldene Regeln der Probenahme*, bei deren Anwendung eine Entmischung bei der Probenahme vermieden wird:

Regel 1:
Probenahme bei Feststoffen soll erfolgen, wenn diese sich in Bewegung befinden.

Regel 2:
Es ist besser, mehrmals kurzzeitig den gesamten momentanen Materialstrom aufzufangen als fortlaufend eine Teilmenge aus diesem Strom abzweigen.

Zur Regel 1: Bei Materialmengen, die sich in Ruhe befinden, ist sehr wahrscheinlich, daß sich in der Nähe der Oberfläche die gröberen Partikel anreichern (vergl. Kap. 3). Für die Mischtechnik bedeutet dies: Nicht im Mischer Proben ziehen, sondern beim Entladen des Mischers aus dem Materialstrom Proben entnehmen. Dies ist umso mehr gerechtfertigt, als schließlich der Mischprozeß erst nach Verlassen des Mischraumes beendet ist. Durch die Umlade- und Umschichtungsvorgänge beim Entladen kann es nämlich ebenso zur Entmischung der Komponenten kommen.
Nur in begründeten Ausnahmefällen sollte Material aus dem Mischraum entnommen werden. Um auch aus tieferen Schichten Proben annähernd gleicher Größe zu entnehmen, wurden z. B. von Sommer spezielle Probenstecher vorgestellt [50]. Fehlerquellen des Probenstechers untersuchte Lacey [nach Stalder, 56].
Zur Regel 2: Bei jeder Teilung von Materialströmen und selektiven Untersuchung nur eines Teilstromes besteht die Gefahr, daß der untersuchte Teilstrom nicht repräsentativ für das Gesamtgemisch ist. Dies veranschaulicht Stalder [56], der den Auslaufstrom eines kontinuierlichen Mischers in einer Bündel von Küvettensträngen aufgefangen und bildanalytisch untersucht hat. Abb. 5.2 zeigt deutlich, daß sich sowohl mittlere Konzentration als auch Massenstrom zwischen den einzelnen Küvettensträngen deutlich unterscheiden. Die Information eines Küvettenstranges hätte hier den Mischprozeß mit Sicherheit falsch wieder gegeben.

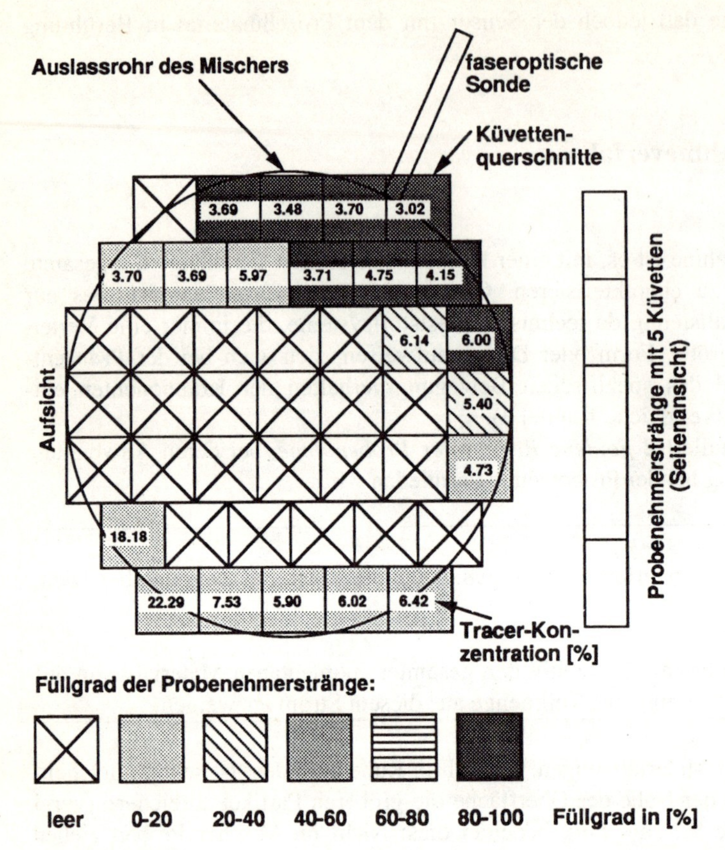

Abb. 5.2 Verteilung von Konzentration und Massenstrom (Füllgrad) über den Querschnitt eines Materialstromes aus einem kontinuierlichen Mischer, der Materialstrom wurde in Küvettensträngen aufgefangen und die Konzentration der Tracerkomponente SiC im $Al(OH)_3$-SiC-Gemisch mittels Bildanalyse ermittelt

Die Analyse von Feststoffgemischen ist sehr aufwendig. Gerade chemische Analysen mit ihrer Probenbereitung sind sehr aufwendig. Dies ist einer der Gründe, daß Mischeruntersuchungen meist mit Modellgemischen aus Komponenten durchgeführt werden, wobei zur Bestimmung der Mischgüte physikalische Methoden angewandt werden. Breit eingesetzt werden:

- elektrische Leitfähigkeit (z. B. Salz-Zucker-Gemische) [68]
- Sichten bei Unterschieden in der Körnung der Komponenten
- Reflexionsmessungen bei farbig sich unterscheidenden Komponenten
- radioaktive Markierung von Tracerpartikeln [69, 10]

Die Ergebnisse einer zufälligen Probenahme lassen sich mit dem kleinsten mathematischen Aufwand behandeln. In der Praxis müssen noch weitere Stichprobenverfahren angewendet werden, wie geschichtete oder mehrstufige Stichproben, die zudem noch bezüglich ihrer Kosten werden müssen. K. Sommer [15] stellt in seinem Lehrbuch "Probenahme von Pulvern und körnigen Massengütern" sowohl die statistischen Grundlagen als auch die entsprechenden Verfahren umfassend vor, darum wird an dieser Stelle auf eine Behandlung verzichtet.

Ein schönes Beispiel der Analyse von Pulvermischungen stammt von Stalder [56].

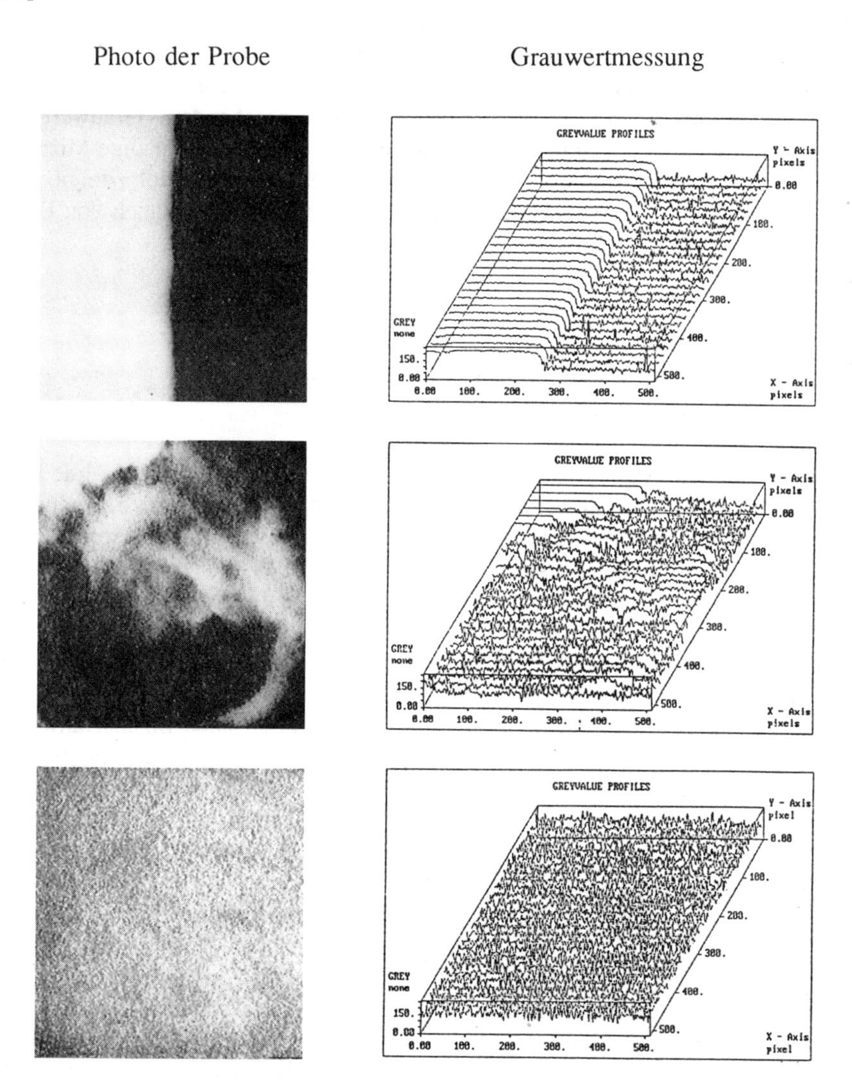

Abb. 5.3 Vermischung von dunklem SiC und weißem $Al(OH)_3$, erfaßt durch Videobilder und deren bildanalytische Auswertung (Grauwertprofile), nach Stalder [56]

Abbildung 5.3 zeigt drei Videobilder einer Mischung aus grauem Siliciumcarbid und weißem Aluminiumhydroxid. Im obersten Videobild liegen die Komponenten noch getrennt vor. Als Linse der Videokamera wird ein Mikroskop benutzt. Das Videobild wird mittels eines Bildanalysegerätes digitalisiert. Helligkeitsunterschiede der Pulver tauchen hierbei in einer linearen Verteilung der Grauwerte auf, wobei schwarz dem Grauwert Null entspricht und weiß dem Grauwert 255 entspricht. Rechts ist das Grauwertprofil dargestellt, aus dem sich zweidimensional der Mischungszustand erkennen läßt. Man erkennt die Grenzlinie zwischen den Komponenten an dem starken Abfall des Grauwertes. Mit einem Spatel mischte Stalder die Komponenten. Im zweiten Bild links sind sehr schön die weißen Streifen zu erkennen, die sich auch im entsprechenden Grauwertprofil identifizieren lassen. Nach intensiver Mischung wird eine gleichmäßige Mischung erreicht (unterstes Bild); die Grauwertverteilung weist im Vergleich zum obersten Bild nur noch geringe Schwankungen auf. Die Bildanalyse wird auch von Dau et al. [70] für Mischuntersuchungen eingesetzt.

5.2 Ein faseroptisches In-line-Verfahren zur Untersuchung von Mischprozessen

Im folgenden wird ein optisches In-line-Meßsystem vorgestellt. Die In-line gehören wie die In-situ-Verfahren zu den On-line-Verfahren (vergl. Abb. 5.1). Zur Prozeßüberwachung befindet sich der Sensor direkt im Prozeß und kann dort lokal die Mischqualität ermitteln. Selbstverständlich sollte der Sensor den Prozeß möglichst wenig stören.

Entwicklungsgeschichte
Für die experimentelle Untersuchung von Feststoffmischern verwendete man schon früh Modellmischungen mit unterschiedlichen optischen Eigenschaften der Komponenten. So schlug Oyama 1935 eine fotografische Methode vor [57], um den Mischvorgang zu verfolgen. Das durchsichtige, zylindrische Endstück eines Batchmischers wurde während des Mischprozesses in bestimmten Abständen fotografiert, beispielsweise nach 3,8 bzw. 4,9 Umdrehungen des Mischers (Abb.5.4). Im Mischer befanden sich ein helles und ein dunkles Pulver. Der Film wurde enwickelt und vor einen verschiebbaren Schlitz gehalten. Durch diesen Schlitz fiel Licht auf den entwickelten Film. Je nach Anteil der dunklen Komponente gelangte mehr oder weniger Licht auf den hinter dem Film sich befindenden photoelektrischen Sensor, der die Lichtintensität in Spannungssignale umwandelte. Diese aktivierten ein Faserpotentiometer, dessen Bewegungen mit einer Filmkamera aufgezeichnet wurden. Je kleiner die Schwankungen des Faserpotentiometers pro Meßzeitpunkt, um so homogener ist die Mischung. Die Mischgüte wurde als Funk-

tion der Intensität und nicht der Konzentration definiert und beinhaltete daher Konstanten wie Belichtungszeit und Bedingungen der Filmentwicklung. Abb. 5.4 zeigt einen derartigen Intensitätsverlauf. Oyama erkannte bereits, daß Amplitude und Frequenz den Mischprozeß charakterisieren, d.h. intensity und scale of segregation. Sein Off-line-Verfahren war zwar sehr aufwendig. Ein optisches Verfahren zur Bestimmung des Mischungszustandes hat jedoch das Potential, um zu einer In-line-, On-line- oder In-situ-Messung weiter entwickelt zu werden. Verbesserte Detektoren wie auch faseroptische Sonden, die eine räumliche Trennung von Lichtquelle und Detektor zum Meßort zulassen, sind inzwischen verfügbar.

Kaye et al. [58], Harwood, Davies et al. [59] und Satoh et. al. [60] benutzen faseroptische Sonden, um die Konzentration einer Tracerkomponente in-line zu bestimmen. Während in der ersten Arbeit die Methode vorgeschlagen wird, verwendet Satoh sie extensiv, um Feststoffmischer zu charakterisieren.

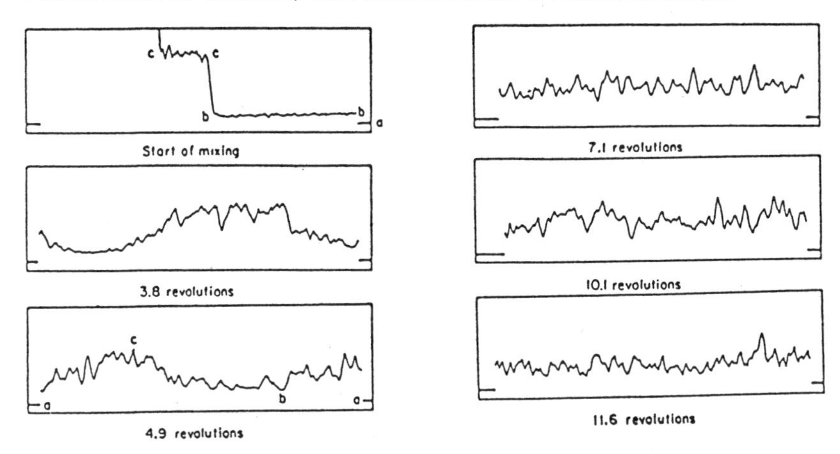

Abb. 5.4 Oyama 1935: Erste optische Methode zur Beurteilung von Pulvermischungen [57], der Ausschlag eines Faserpotentiometers kennzeichnet den Anteil einer dunklen Tracerkomponente in einem Gemisch aus einem hellen und dunklen Pulver. Zu Beginn des Versuches sind die Komponenten getrennt, mit zunehmender Mischzeit, hier dargestellt in Umdrehungen des Mischers, ergibt sich eine Vermischung und daher kleineren Schwankungen des Potentiometers.

Ebenfalls eine faseroptisches In-line-Verfahren wurde an der Eidgenössichen Technischen Hochschule Zürich ***(ETH)*** zur Untersuchung kontinuierlicher Mischprozesse verwendet [30]. Mit dieser Methode wurde die Konzentration einer Tracerkomponente am Ausgang eines kontinuierlichen Mischprozesses in line bestimmt und damit eine umfassende Charakterisierung kontinuierlicher Mischprozesse ermöglicht (vergl. Kapitel 8). Die konstruktive Gestaltung dieses In-line-Meßsystems wird im folgenden vorgestellt.

Prinzip der faseroptischen In-line-Messung

Grundvoraussetzung für diese optische Methode ist, daß die zwei Komponenten, die vermischt werden sollen, sich in ihrer Farbe unterscheiden, da Licht dann von den Komponenten unterschiedlich absorbiert wird. Monochromatisches Licht wird durch eine Lichtleiterfaser auf die Pulvermischung geleitet (Abb. 5.5) Die zwei Komponenten reflektieren aufgrund ihrer spezifischen Absorptionvermögens dieses Licht unterschiedlich. Der Anteil des von der Mischung diffus reflektierten Lichtes ist hauptsächlich abhängig vom Mengenverhältnis der beiden Komponenten im Meßvolumen und von der Sondengeometrie. Wenn man eine Komponente als Tracer betrachtet, besteht also eine direkte Abhängigkeit zwischen Tracerkonzentration und Menge des reflektierten Lichtes.

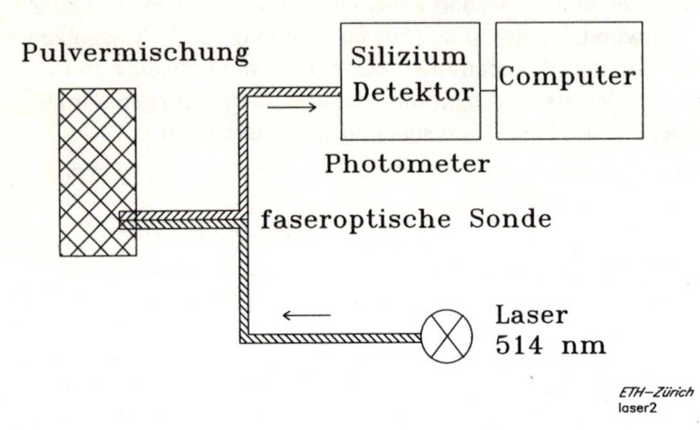

Abb. 5.5 Prinzip der faseroptischen Meßeinrichtung (*ETH-Zürich),* zur Kalibrierung ruht Mischung im geschlossenen Gefäß, Sonde durchdringt Gefäßwand durch seitliche Bohrung.

Lichtquelle und Detektor

Meist wird monochromatisches Licht durch die Sonden auf die Mischung geführt. Der reflektierte Anteil wird mit einem hochempfindlichen Photometer gemessen (Abb. 5.5). Bei Verwendung einer Weißlichtquelle wird die Empfindlichkeit des Meßsystems etwas reduziert, da dann das Photometer nicht die Reflexion an einer spezifischen Wellenlänge erfaßt, sondern über alle Wellenlängen des weißen Lichtes. Statt eines einfachen Detektors könnte dann aber ein Spektrometer eingesetzt werden, daß die spezifische Reflexion an jeder Wellenlänge ermitteln kann [61]. Mit Lichtleiter ausgestattete Spektrometer sind für den ultravioletten, sichtbaren und nahinfraroten Wellenlängenbereich auf dem Markt erhältlich. Bei Verwendung von besonders schnellen Diodenarray-Spektrometer sind Messungen über das Spektrum im Bruchteil einer Sekunde möglich.

In der Abbildung 5.6 sind drei Sondentypen dargestellt, eine koaxiale Bündelsonde und zwei Paarsonden. Der Öffnungswinkel und damit der Emissions- bzw. Detektionskonus wird durch die numerische Apertur (N.A.) beschrieben, die als Funktion des Brechungswinkels ϑ und Brechungsindex n_b in Gleichung 5.3 definiert ist:

$$N.A. = n_b \cdot \sin\vartheta \tag{5.3}$$

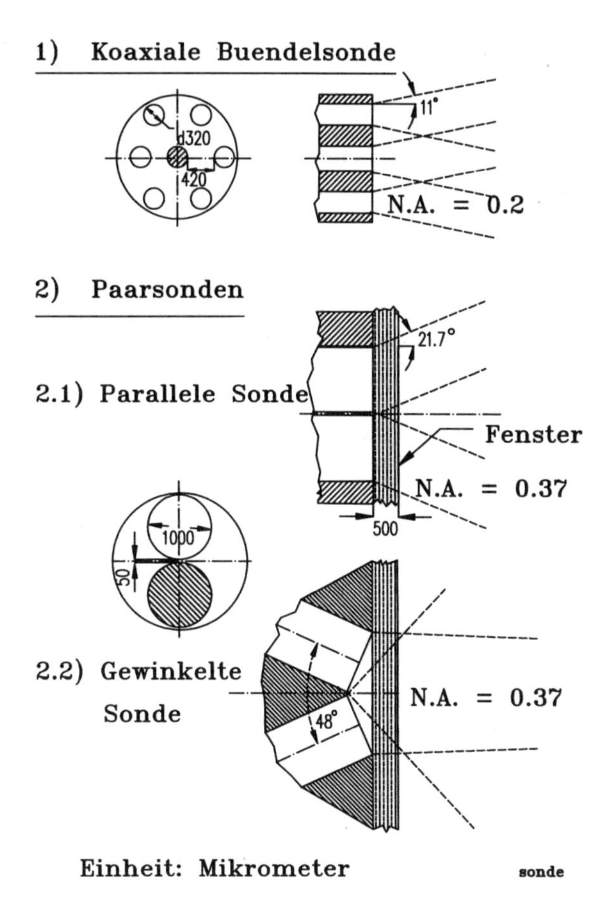

Abb. 5.6 Geometrie der faseroptischen Sonden zur In-line Erfassung des Mischqualität bei Feststoffgemischen, in denen sich die Komponenten sich farblich unterscheiden (*ETH-Zürich*)

Der Emissions- und Detektionskonus ist in Abb. 5.6 gestrichelt eingezeichnet. Reh und Li entwickelten den gewinkelten Sondentyp (2.2), um lokale Feststoffanteile in Wirbelschichten zu bestimmen [63]. Aber auch für reine Feststoffmischungen ist diese Konfiguration sehr vorteilhaft, beispielsweise wird bei diesem Sondentyp die reflektierte Lichtleistung nur schwach von der Partikelgröße der Komponenten beeinflußt wird [62]. Durch die gewinkelte Anordnung durchdringen sich die Emissions- und Detektionskonus bereits kurz vor der Sondenspitze. Diese Sonde besitzt deswegen gegenüber den anderen Sonden ein großes Meßvolumen, welches aber nicht exakt berechnet werden kann, da auch reflektiertes Licht außerhalb des Emissionskonus infolge mehrfacher Reflexionsvorgänge detektiert werden kann. Dies ist sicher ein Nachteil gegenüber der klassischen Probenahme, da die Varianz als Mischgütemaß für Mischungen von Feststoffen nur sinnvoll ist, wenn gleichzeitig die Probengröße angegeben wird (vergl. Kap. 3 und 4). Die Probengröße, also die Menge an Feststoffpartikeln, die von der Sonde "gesehen" wird, läßt sich bei faseroptischen Sonden nur abschätzen [62]. Für die weiter unten spezifizierten Feststoffgemische beträgt sie bei der gewinkelten Sonde ungefähr 0.01 Gramm, was einer Anzahl von 400000 $Al(OH)_3$-Partikeln entspricht. Da es sich bei In-line-Messungen um systematische Messungen handelt, können aus der mit der Sonde ermittelte Varianzen die entsprechenden Werte für größere Probenvolumina mit Gleichung 3.19 abgeschätzt werden.

Feststoffsystem

Die Sonden wurde für Mischungen aus zwei Komponenten eingesetzt, die sich deutlich in ihren optischen Eigenschaften unterscheiden: Weißem Aluminiumhydroxid $Al(OH)_3$ (Martinal O-313, Martinswerk GmbH, Bergheim-Erft(D); A-L Alusuisse-Lonza-Gruppe) wird dunkles Siliziumcarbid SiC (100NN; Lonza-Werke GmbH, Waldshut (D); A-L Alusuisse-Lonza-Gruppe) oder ein grünes Pigment (Irgalite Green GLN; Ciba Geigy) zugemischt. Die **dunklen Komponenten** werden im folgenden als **Tracerkomponente** bezeichnet. Tabelle 5.1 gibt einen Überblick der Versuchsgüter. Da die reflekierte Lichtleistung von der Partikelgröße der Komponenten ebenfalls beeinflußt wird, sind genaue Aussagen mit diesen optischen In-line-System möglich, wenn die Komponenten eine enge Korngrößenverteilung besitzen.

Tabelle 5.1: Versuchsgüter

	$d_{p3,10\%}$ [µm]	$d_{p3,50\%}$ [µm]	$d_{p3,90\%}$ [µm]	ρ_s [g/cm³]	ρ_{sch} [g/cm³]	Farbe
$Al(OH)_3$	2	27	72	2.43	1.31	weiß
SiC	7	24	56	3.22	1.51	schwarz
Irgalite	0.05	0.22	2.3	2.13	0.33	grün

Meßbereich:

Abb. 5.7 zeigt den Meßbereich des faseroptischen In-line-Verfahrens für ein Gemisch aus SiC und $Al(OH)_3$ [62]. Hierbei ist über der Konzentration der dunklen Tracerkomponente SiC im SiC-$Al(OH)_3$-Gemisch das normierte Reflexionssignal R aufgetragen. Die reflektierte Lichtleistung wird jeweils bezogen auf das Signal, das sich bei gleicher Anordnung für das reine weiße Aluminiumhydroxid ergibt:

$$R = \frac{\text{signal}}{\text{signal}_{0\%\ \text{tracer}}} \tag{5.4}$$

Die gewinkelte Paarsonde erlaubt für dieses Partikelsystem Messungen bis zu einer Konzentration von 7% SiC in der Mischung. Die entsprechenden Werte für das Irgalite-$Al(OH)_3$-Gemisch finden sich in [30, 62].

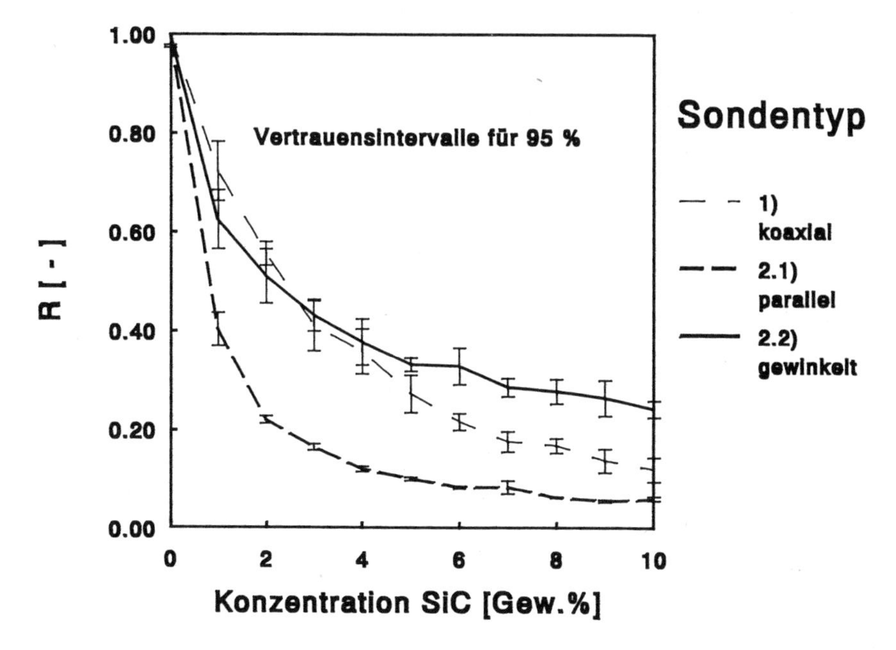

Abb. 5.7 Normiertes Signal der rückgestreuten Lichtleistung für die gewinkelte Sonde für ein SiC-$Al(OH)_3$-Gemisch [62]

In-line-Messung der Konzentration mit faseroptischen Sonden im Auslauf eines kontinuierlichen Mischers

Sobald der Zusammenhang zwischen reflektierter Leistung und Konzentration bekannt ist (Abb. 5.6), kann das Meßverfahren zur In-line-Charakterisierung von Mischprozessen eingesetzt werden (Abb. 5.7). Am Auslauf eines kontinuierlichen Mischers ist ein Zylinder installiert, in dem eine schräg angestellte Klappe (Abb. 5.8) das Pulver aufstaut. So bildet sich eine kontinuierlich strömende Schüttung, der der Mischer permanent Partikel zuführt. Das abfließende Pulver wird von der Klappe an den Rand des Zylinders gelenkt, so daß die Sondenoberfläche immer von einer Produktschicht bedeckt ist.

Abb. 5.8 zeigt einen sogenannten Sprungversuch. 2000 Signale wurden während der Meßdauer aufgezeichnet. Der Mischer lief stationär, die beiden Komponenten wurden dem Mischer kontinuierlich zudosiert. Nach 80 Sekunden wurde der Tracerdosierer (SiC) ausgeschaltet. Die Mischung verarmt danach zusehends an SiC, bis schließlich nur noch reines weißes $Al(OH)_3$ den Mischer verläßt. Dementsprechend steigt nach Abschalten der dunklen Tracerkomponente die diffus reflektierte Lichtleistung stark an (Abb. 5.8a). Aus diesem Signalverlauf kann ein entsprechender Konzentrationsverlauf berechnet werden, wenn der funktionale Zusammenhang zwischen Lichtleistung und Konzentration der Tracerkomponente aus Kalibriermessungen bekannt ist (s. Abb. 5.7). Den entsprechenden Konzentrationsverlauf zeigt Abbildung 5.8b. Bei stationärem Betrieb schwankt die Konzentration des SiC um 1.2 %. Nach Abschalten des SiC-Dosierers fällt die Konzentration auf Null. Anhand derartiger Versuche kann die Verweilzeit in kontinuierlichen Mischern bestimmt werden, hierauf wird in Kapitel 8 noch näher eingegangen.

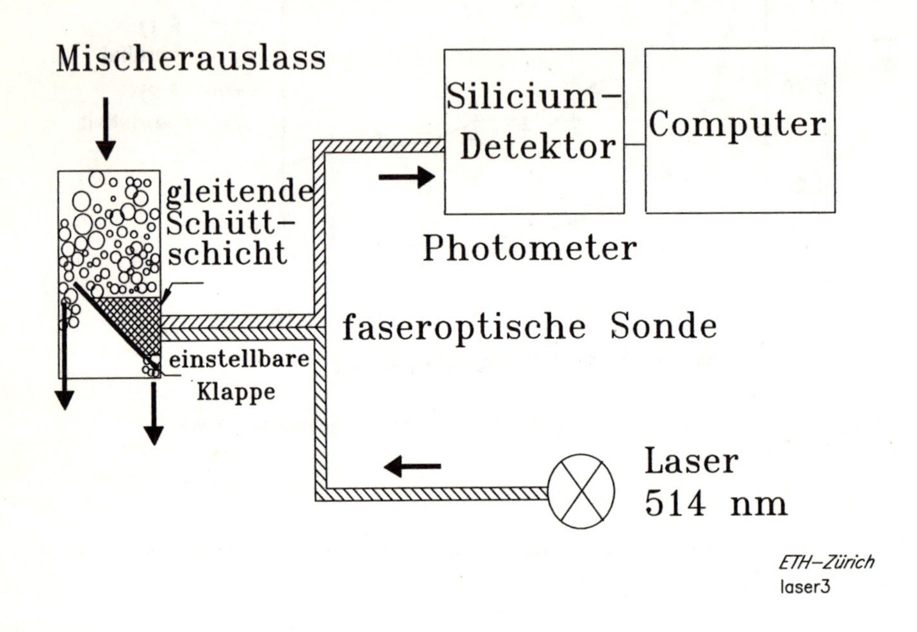

Abb. 5.7 In-line-Messung der Konzentration am Mischerauslauf

Zwar werden in der industriellen Praxis selten Gemische eingesetzt, deren Mischungszustand mit dem gerade vorgestellten Verfahren direkt erfaßt werden können. Mit diesem In-line-Verfahren und geeigneten Modellgemischen können jedoch allgemeingültige Kenntnisse über Mischprozesse gewonnen und Feststoffmischer gestaltet bzw. verbessert werden.

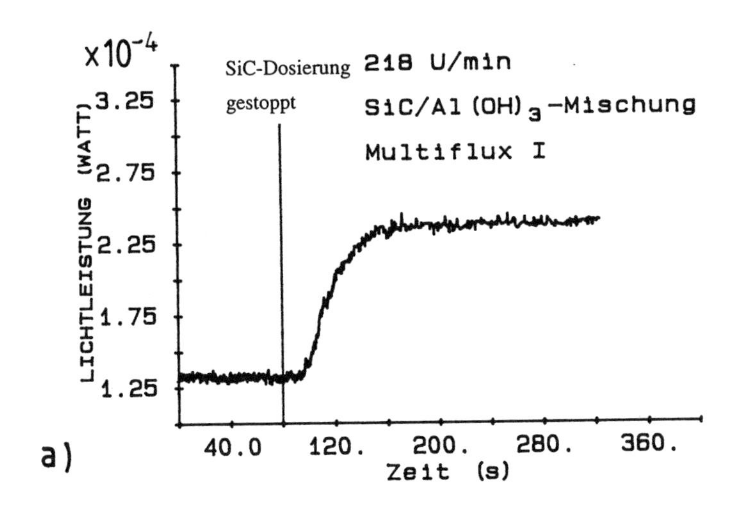

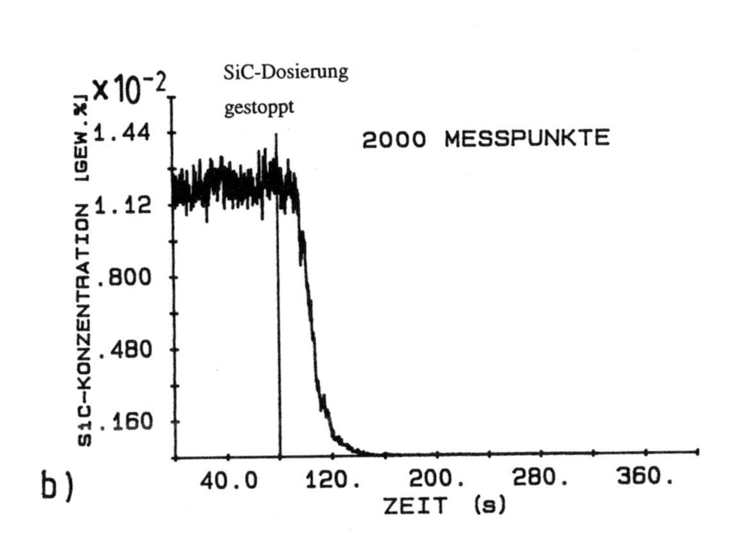

Abb. 5.8: Signal- **(a)** und Konzentrationsverlauf **(b)** für ein SiC-Al(OH)3-Gemisch; 2000 Meßpunkte, mittlere SiC-Konzentration vor Sprung 1.2 %, SiC-Dosierer nach 80 s abgeschaltet

6 Apparate und Vorrichtungen für das Mischen von Feststoffen

Für die Vielzahl der Mischaufgaben werden die unterschiedlichsten Apparate auf dem Markt angeboten. Ries [66] gibt einen detaillierten Überblick, seine Einteilung der Mischapparate übernehmen zum Teil Wilke et al. in ihrem Buch [67]. Eine zusammenfassende Darstellung findet sich im Übersichtsartikel von Müller [26]. Er unterscheidet zwischen großvolumigen Bunkermischern und Mischapparaten, in denen durch eine Bewegung des ganzen Mischers oder rotierender Werkzeuge eine Vermischung erzielt wird. Neben diesen Apparaten gibt es jedoch vor allem zur Homogenisierung großer Materialmengen spezielle Mischlager. Auch durch lokales Zusammenführen von Komponenten, die geregelt zudosiert werden, kann eine Mischung erstellt werden.

In diesem Kapitel werden die Mischer und Vorrichtungen zum Mischen von Feststoffen folglich in vier Gruppen eingeteilt:

- Mischhalden
- Bunkermischer
- rotierende Mischer oder Mischer mit rotierenden Einbauten
- Mischen im Dosierstrom

6.1 Mischhalden oder Mischlager

Viele Schüttgüter, die oft in sehr großen Lagern gespeichert werden, besitzen innerhalb dieser Lager nicht einheitliche Materialeigenschaften. Ursache hierfür sind zum Beispiel bei Rohstoffen natürliche Schwankungen in den Lagerstätten oder bei Grundstoffen Variationen zwischen unterschiedlichen Produktionschargen. So variiert in der Hüttenindustrie der Erz bzw. Kohlenstoffgehalt in den Ausgangsmaterialien. Werden diese Lager nach dem Grundsatz "First in - first out" entladen, gelangt dieses in seinen Eigenschaften schwankende Material in den nachfolgenden Prozeß und vermindert dessen Effizienz.

Um dennoch ein gleichmäßiges Ausgangsmaterial zur Verfügung zu stellen, wird eine Vermischung durch ein definiertes Auf- und Abbauschema großer Mischlager erreicht. Solche Mischprozesse werden auch als *Homogenisierung* bezeichnet. Abbildung 6.1 zeigt als Beispiel einer Mischhalde zwei Längslager. Das eine Lager befindet sich typischerweise im Aufbau, während das andere abgebaut wird.

Wie bei jedem Mischprozeß wird die Materialmenge homogenisiert, indem Teile der Materialmenge relativ zueinander bewegt werden. Bei einem Längslager wird die Halde durch ein in *Längsrichtung* bewegliches Förderband oder einer anderen entsprechenden Vorrichtung aufgebaut. Während der Beladung fährt das Band kontinuierlich über die gesamte Länge der Halde hin und her. Die hierdurch entstehenden Schichten speichern den zeitlichen Verlauf der Materialanlieferung. Wird nun systematisch *quer* zu diesen Schichten abgebaut, enthält jede dem Lager entnommene Teilmenge Material aus allen Schichten und damit Anlieferungszeiten. Da solche Lager über Tage oder Wochen aufgebaut werden, reduzieren Mischlager das Ausmaß langer zeitlicher Schwankungen in den Materialeigenschaften.

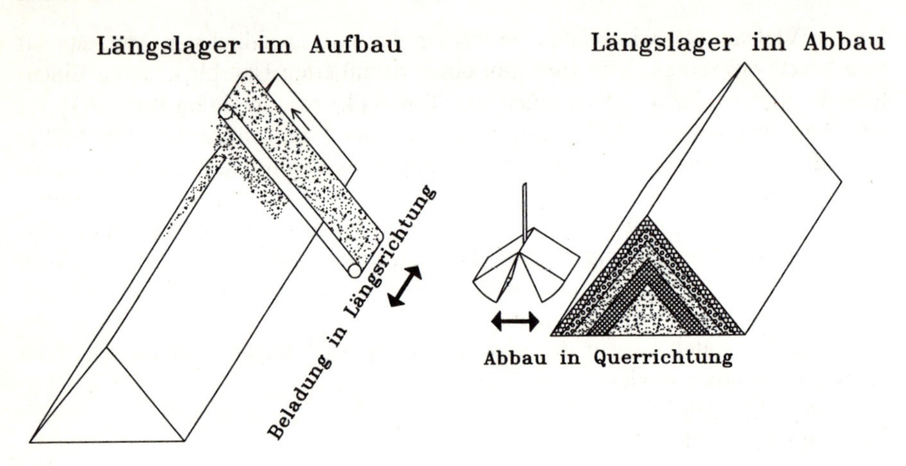

Abb. 6.1 Längslager zur Homogenisierung großer Materialmengen

6.2 Bunker- und Silomischer

Bunker- bzw. Silomischer sind geschlossene Behälter, von denen die größten ebenfalls der Homogenisierung großer Feststoffmengen dienen. Sie werden im Chargenbetrieb eingesetzt. Die geschlossene Bauweise erlaubt neben dem Mischen eine weitere Konditionierung des Gutes, beispielsweise Befeuchtung, Granulation, Trocknung oder Inertisierung. Abb. 6.2 zeigt die Einteilung der Bunkermischer nach W. Müller [26]:

Im *Schwerkraftmischer* wird gleichzeitig über ein System von Rohren in verschiedenen Höhen und radialen Positionen Granulat abgezogen und im Auslaß zusammengeführt und vermischt. Andere Bauarten benutzen ein zentrales Entnahmerohr, in das der Feststoff durch Einlaßöffnungen, die an verschiedenen Höhen dieses Rohres angebracht sind, gelangt. Genügt die Mischgüte nicht den Anforderungen, wird das abgezogene Material wieder dem Bunker zugeführt und derart der gesamte Bunkerinhalt mehrmals umgewälzt und damit homogenisiert. Das abgezogene Material wird hierfür meist pneumatisch oben in den Bunker gefördert (externer Kreislauf). Schwerkraftmischer eignen sich für freifließende Pulver; Baugrößen zwischen 5 und 200 m³ werden angeboten. Der spezifische Energieverbrauch, d. h. der Energieeintrag pro Masse Produkt, liegt sehr niedrig unter 1 bis 3 kWh/t. Zur Gruppe der Schwerkraftmischer zählen auch die Silos mit speziellem Mischtrichter im Auslaßbereich. Durch einen konzentrischen Doppelkonus ist die Verweilzeit des Materials im Innen- und Außenbereich unterschiedlich. Dies führt zu einer Rückvermischung. Dieser Typ wird für Materialmengen zwischen 3 und 100 m³ angeboten.

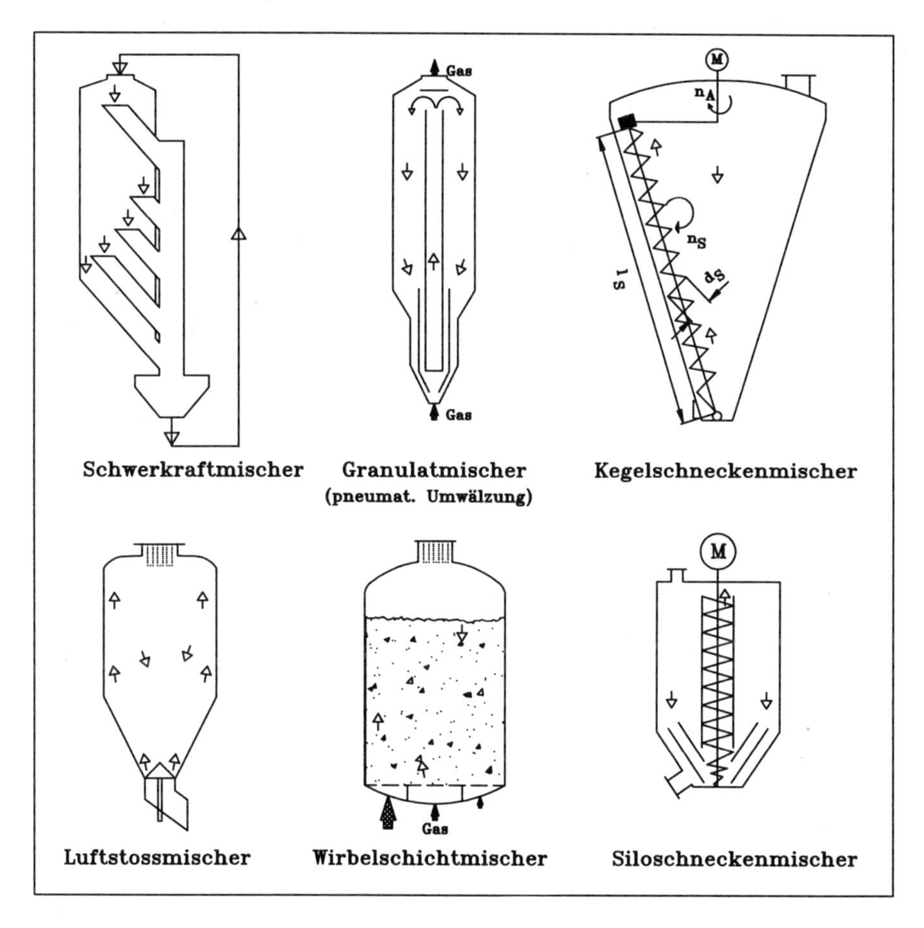

Abb. 6.2 Einteilung der Bunker- oder Silomischer nach W. Müller [26]

Beim *Granulatmischer* wird im Unterteil Material aus verschiedenen Bereichen zusammengeführt [35] und anschließend in einem zentralen Rohr mittels Luft nach oben gefördert (interner Kreislauf), wo der Feststoff vor einem Umlenkabscheider von dem Gas abgetrennt und gleichmäßig auf die Oberfläche verteilt wird (vergl. Kapitel 2: Mischen durch Teilen und Vermengen). Baugrößen erreichen bis zu 600 m^3; der spezifische Energieeintrag ist ähnlich niedrig wie bei den Schwerkraftmischern.

An der Behälterwand des *Kegelschneckenmischer* transportiert eine Schnecke Material aus dem Unterteil nach oben. Diese Schnecke wird gleichzeitig über einen drehbaren Arm der Behälterwand entlanggeführt. Dieser Mischtyp verarbeitet auch kohäsive Pulver und Pasten. Der Feststoff an der Behälterwand wird durch die Schnecke kontinuierlich ausgetauscht, somit kann über die Behälteraußenwand das Mischgut indirekt beheizt oder gekühlt werden. Dieser Mischtyp wird auch zur Granulation, Trocknung oder Kristallisation eingesetzt. Es werden Mischer dieses Typs zwischen 25 l und 60 m^3 angeboten.

Bei *Luftstoß-* oder Luftstrahlmischer wird Luft durch Düsen, die am Umfang eines sich im Unterteil des Behälters befindlichen Mischkopfes angebracht sind, eingeblasen. Der spezifische Luftverbrauch beträgt bis zu 10 - 30 Nm^3/t, die größten Mischer erreichen ein Volumen von 100 m^3.

Durchströmt ein Fluid eine Kornschicht gegen die Erdschwere, lockert sich ab einer bestimmten Fluidgeschwindigkeit diese auf (~ Lockerungsgeschwindigkeit), die Körner werden durch das Fluid in Schwebe gehalten. Die entstehende *Wirbelschicht* dehnt sich mit zunehmender Fluidgeschwindigkeit bei gleichbleibendem Druckverlust aus, die Feststoffteilchen werden immer beweglicher [34]. Hierdurch besitzen Wirbelschichten axial über die Höhe und radial exzellente Mischeigenschaften für Feststoffe, verbunden mit, insbesondere bei zirkulierenden Wirbelschichten, großen Wärme- und Stoffaustauschwerten durch hohe Relativgeschwindigkeiten zwischen Gas und Feststoff.[1] Dient die Wirbelschicht nur der Vermischung, arbeitet man jedoch mit niedrigeren Fluidisierungsgeschwindigkeiten, um den Luftverbrauch zu begrenzen. Den im Boden des Behälters installierten luftdurchlässigen Segmenten werden zudem unterschiedliche Luftmengen zugeteilt. Die größten Wirbelschichtmischer für die Zementindustrie erreichen 10^4 m^3. Die Materialien müssen fluidisierbar, d.h. frei fließend (größer als 50 μm) und trocken sein. Der spezifische Leistungseintrag liegt zwischen 1 - 2 kWh/t; der Luftverbrauch nimmt jedoch bei Partikeln über 500 μm stark zu. Wirbelschichtgranulatoren nutzen die Mischeigenschaften der Wirbelschicht zur Granulation, die Suspension wird hierbei auf die Wirbelschicht verdüst.

6.3 Rotierende Mischer oder Mischer mit rotierenden Einbauten

Abbildung 6.3 zeigt 4 Klassen von Mischer, bei denen die Mischbewegung durch Rotation des gesamten Apparates oder durch rotierende Werkzeuge hervorgerufen

[1] Eine weiterführende Charakterisierung der Gas-Feststoffreaktoren mit ihren Mischeigenschaften für Gas und Feststoff gibt Reh [Chemie-Ingenieurtechnik 49 (1977), Nr. 16, S. 786-795)

wird. Rumpf [26] klassifizierte die Mischertypen nach der Froudezahl Fr:

$$Fr = \frac{r\omega^2}{g} = \frac{rn^2 4\pi^2}{g} \tag{6.1}$$

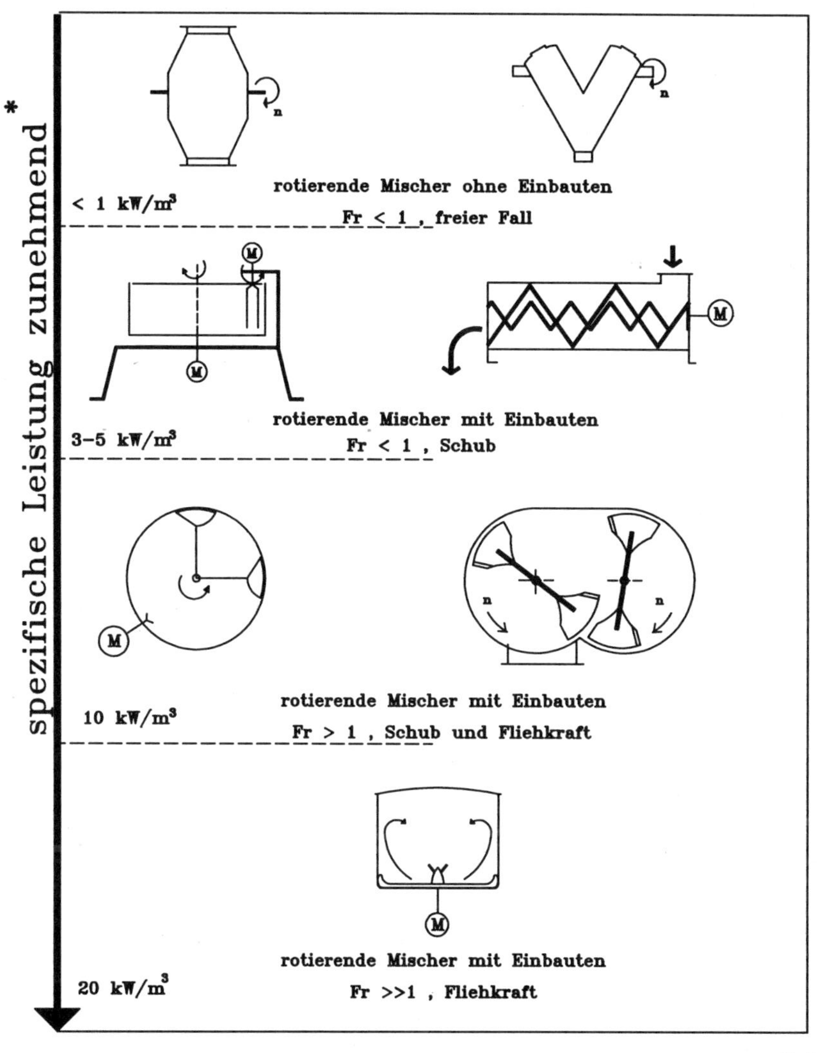

Abb. 6.3 Gubewegung durch drehende Werkzeuge oder drehende Behälter nach W. Müller
*spezifische Leistungsangaben gelten für Chargenmischer, die in das Mischgut eingebrachte *Energie* wird allerdings bestimmt vom *Produkt von Leistung und Mischzeit*

r bezeichnet hierbei den Mischerradius bzw. den Mischerwerkzeugradius, g die Erdbeschleunigung und ω die Winkelgeschwindigkeit. Die Froudezahl stellt somit eine dimensionslose Drehfrequenz dar. Die Froude-Zahl ist das Verhältnis von

Zentrifugal- zu Erdbeschleunigung. In der Froude-Zahl kommt keine Stoffeigenschaft vor. Müller [26] weist daraufhin, daß im Gegensatz zum Mischen von Flüssigkeiten es noch nicht gelungen ist, eine der Reynoldszahl analoge Kennzahl für Feststoffe zu definieren. Es fehlt der sinnvolle Bezug zu einem Stoffparameter, der mit der Viskosität vergleichbar wäre. Die Froude-Zahl ist daher nur geeignet, unterschiedliche Betriebszustände eines Mischertyps zu vergleichen, sie beschreibt keinen Strömungszustand [30].
Abbildung 6.3 zeigt vier Klassen von Feststoffmischern. Hierbei, unter oben erwähnten Einschränkungen, wird unterschieden zwischen $Fr < 1$, $Fr > 1$ und $Fr >> 1$. In der ersten Kategorie teilt Müller die *Freifallmischer* ein, bei denen der Behälter sich bewegt und so das Material im Innern vermischt wird. Freifallmischer eignen sich nur für freifließende Feststoffe. Ein bekanntes Beispiel für einen Freifallmischer ist der Trommelmischer, wobei in diesem Typ der Mischung auch eine Entmischung überlagert sein kann, die bis zur vollständigen Segregation der Komponenten führt[1]. Da die Trommel auch in weiteren Prozessen wie Drehrohrofen, Trockner, oder als Granuliertrommel für Feststoffe Verwendung findet, ist auch bei diesen Apparaten eine Entmischung zum Beispiel bezüglich der Partikelgröße zu beachten. Gerade in der pharmazeutischen und Lebensmittellindustrie finden aber Mischer ohne Einbauten breite Verwendung, da sie sich sehr gut reinigen lassen. Zu der Klasse der Freifallmischer gehören auch die *Taumelmischer*, bei denen beispielsweise ein Zylinder quer zur Hauptachse gekippt wird, wodurch das Mischgut dauern umgestülpt wird. Die Vermischung erfolgt schonend. Bedingt durch den Abstand des Mischgutes von der Achse (s. Abb. 6.3) müssen große Momente durch den Antriebsmoter aufgebracht werden bzw. die Momente und Kräfte von Lagern und Fundament aufgenommen werden. Mischer bis 5000 l nutzbares Volumen werden angeboten [67].

Ebenfalls im Bereich von Froude-Zahlen kleiner 1 arbeiten Mischer, in denen die Mischbewegung durch drehende Werkzeuge übertragen wird. Die Feststoffpartikel werden durch die Werkzeuge des Mischers relativ in ihrer Position zueinander verschoben. Dieser Typus eignet sich sowohl für kohäsive, feuchte als auch für freifließende Produkte. Beispiele für Schubmischer sind *Schneckenmischer, Paddelmischer und Bandmischer*. Aufgrund der niedrigen Drehzahl ist die Beanspruchung des Mischgutes gering. Eine Desagglomeration ist ebenfalls ausgeschlossen. Der spezifische Energieeintrag ist niedrig und liegt bei unter 5 kW/m^3.

Pflugschar-, Schleuder- und Mehrstromfluidmischer arbeiten im Bereich von Froudezahlen größer als 1. Dies hat zur Folge, daß mindestens in der Nähe der Werkzeugaußenkante die Zentrifugalkraft die Gewichtskraft überschreitet und die Partikel geworfen werden. Hier findet also statt der Schubbewegung eine Flugbewegung statt. Dies beschleunigt den Mischvorgang sowohl in radialer wie in axialer Richtung. Müssen die Komponenten noch desagglomeriert werden, werden in den Mischraum hochtourig laufende Messersterne eingebracht, die durch Prallbeanspruchung eine Desagglomeration herbeiführen.

---

[1] Eine Illustration der Entmischung im Trommelmischer ist im Videofilm "Produkteigenschaften und Verfahrenstechnik", BASF, Ludwigshafen, BASF DCE 60 HG, enthalten.

Im Bereich sehr hoher Froude-Zahlen (Froude-Zahl größer als 7) nehmen die Scherkräfte auf das Mischgut stark zu. Die Prallbeanspruchung ist enorm, das Produkt heizt sich durch die dissipierte Energie stark auf. Die Wärme entsteht durch Reibung zwischen Werkzeugen und Feststoff sowie auch durch die Reibung der Feststoffpartikel untereinander. Hier sind häufig neben dem reinen Mischeffekt auch Desagglomeration, Agglomeration, Befeuchtung und Sinterprozesse Einsatzzweck des Mischers.

6.4 Mischen im Dosierstrom

Mischen im Dosierstrom stellt ein kontinuierliches Mischverfahren dar. Die Vermischung der Feststoffkomponenten wird dadurch erreicht, daß jede Komponente geregelt zudosiert und diese Feststoffströme lokal zusammen geführt werden. Dieser Mischerklasse entsprechen im Fluidbereich die Mischrohre (s. Kap.1 Abb. 1.2). Eine axiale Vermischung (Längs- oder Rückvermischung) findet nicht statt oder ist sehr klein, so daß die Qualität der Dosierung die Mischhomogenität bestimmt. Idealerweise gelangen deshalb geregelte Dosieranlagen zum Einsatz, dies wird jedoch für Vielkomponentengemische apparativ sehr aufwendig (s. Kap. 9). Je nach Anforderungsfall ist auch eine Vermischung quer zur Transportrichtung erforderlich. Werden die Komponenten im senkrechten Fall zusammengeführt, ergibt sich diese beim "Zusammenfließen" der Komponenten. (Abb. 6.4). Ist diese Quervermischung nicht ausreichend, bietet sich für frei fließende Pulver der Einsatz *statischer Mischer* an, in denen beispielsweise beim Durchfallen eines Rohres der Feststoffstrom durch Leitbleche wiederholt geteilt und zusammen geführt wird. Der Energieeintrag in das Mischgut ist sehr niedrig. Derartige Mischsystem benötigen jedoch einige Meter Bauhöhe.

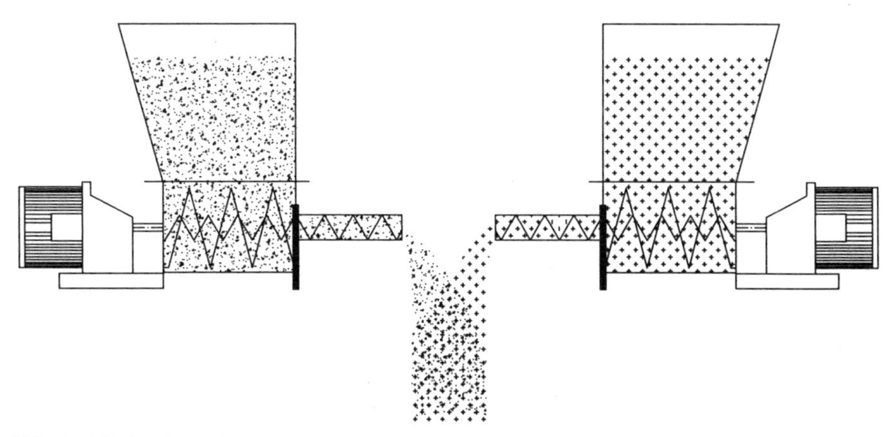

Abb. 6.4 Mischen im Dosierstrom

Im Rahmen dieses Kapitels wurde versucht, dem Leser eine Übersicht und Systematik der Feststoffmischer zu geben. Sie soll ihm helfen, für sein Mischproblem eine geeignete Apparateklasse auszuwählen. Jede zusammenfassende Darstellung kann jedoch nicht alle Mischertypen auflisten, hierzu sei auf die entsprechenden Herstellerangaben verwiesen.

7 Absatzweises Mischen von Feststoffen

Absatzweises (Chargen bzw. diskontinuierliches) Mischen ist dadurch gekennzeichnet, daß die Komponenten in den Mischer eingefüllt werden, danach der Mischer in Betrieb gesetzt und nach einer gewissen Zeit die Mischung entladen wird. Die Schritte Dosierung (Füllen), Mischen und Entleeren werden also *zeitlich hintereinander* ausgeführt.

Ein ausführlicher Vergleich von kontinuierlichen und absatzweisen Mischprozessen folgt im nächsten Kapitel. Bei kleinen Materialmengen weist die absatzweise Prozeßführung aufgrund der niedrigeren Investitionskosten und höheren Flexibilität Vorteile auf. Auch wenn sehr große Materialmengen homogenisiert werden, kommen absatzweise arbeitende Mischer zum Einsatz, da kontinuierliche Mischer mit ihren kleineren Apparatevolumen in der Rückvermischung begrenzt sind.

Gerade in der Flexibilität der Chargenmischers liegt aber auch die Gefahr, daß sie nicht optimal eingesetzt werden und es beispielsweise zum Overmixing kommt, wodurch möglicherweise das Produkt geschädigt und die Effizienz des Prozesses leidet. Die Zeit, die ein Mischer benötigt, um die anfänglich getrennt vorliegenden Komponenten zu vermischen, bestimmt wesentlich die Wirtschaftlichkeit.

7.1 Bestimmung der Mischzeit mittels Probenahme

Eine theoretische Vorhersage der Mischzeiten in Feststoffmischern ist bis jetzt noch nicht möglich; sie müssen daher experimentell ermittelt werden. Klassisches Verfahren zur Bestimmung der Mischzeit ist wiederum die Probenahme und nachfolgender Off-line-Analyse. Der Mischer wird beladen und in Betrieb gesetzt. Die Art und Weise der Befüllung beeinflußt die Mischzeit erheblich. Werden die Komponenten regellos in den Mischer gefüllt, hat bereits eine Vorvermischung stattgefunden und die Mischzeit ist erheblich kürzer, als wenn die Komponenten räumlich getrennt in den Mischer gebracht werden und derart in bestimmten Bereichen des Mischers eine Komponente vorherrscht. Bei Horizontalmischern (vergl. Kap. 6) dauert in der Regel die Axialvermischung länger als die Radialvermischung. Wird die Tracerkomponente am Rand positioniert, verlängert dies gegenüber einer Mittenmarkierung die Mischzeit deutlich. Deshalb gehören zu jeder Angabe über Mischzeiten die entsprechenden Anfangsbedingungen beim Starten des Mischers.

Nachdem der Mischer nach einem definierten Verfahren mit den Komponenten beschickt wurde, wird er in Betrieb gesetzt und in bestimmten Zeitabständen ein Probensatz dem Mischer entnommen (vergl. Kap. 3). Hierfür ist in der Regel der Mischer anzuhalten; während der Auslaufzeit des Mischers werden die Komponenten noch gemischt. In den Proben wird dann z. B. die Konzentration der Tracerkomponente ermittelt und die Stichprobenvarianz bestimmt. Diese Stichprobenvarianz dient als Schätzwert für die Varianz, die den Mischungszustand charakterisiert (vergl. Kap. 3 und 4). Jede Analyse ist fehlerbehaftet, dies äußert sich in einer Varianz der Probenahme und Analyseverfahrens (vergl. Kap. 5). Sommer [22] weist daraufhin, daß die Erfassung des zeitlichen Verlaufes der Varianz stark durch die Genauigkeit der Analyse beeinflußt wird. Dies veranschaulicht Abb. 7.1.

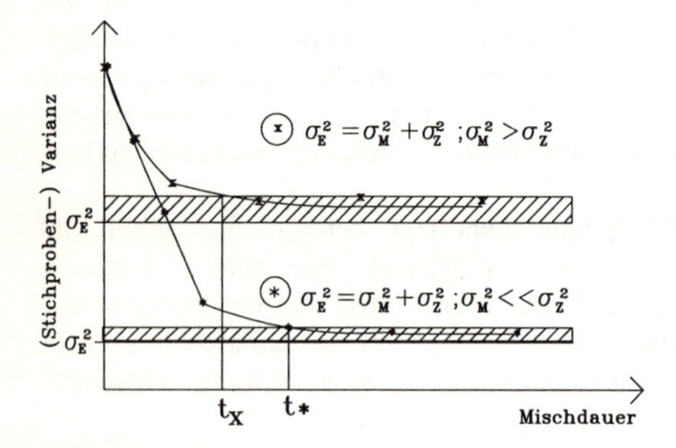

Abb. 7.1 Einfluß der Meßgenauigkeit auf die Varianz als Funktion der Mischdauer nach Sommer [22] Konfidenzintervalle für den Endzustand σ^2_E sind schraffiert, **x**: Varianz des Endzustandes und erforderliche "Mischzeit" wird bestimmt durch die Varianz des Analyseverfahrens, führt zu fehlerhafter Bestimmung der Mischzeit *: Varianz des Endzustandes wird bestimmt durch Varianz des Mischprozesses, gemessener Mischzeitverlauf kennzeichnet den Mischvorgang

Zu Beginn ergibt sich eine starke Abnahme der Stichprobenvarianz, sie verläuft mit zunehmender Mischdauer asymptotisch gegen einen Endwert σ^2_E. Dieser stationäre Endwert wird bestimmt durch die Varianz der Mischung im stationären Zustand σ^2_z, im Idealfall der Varianz der idealen Zufallsmischung, und der Varianz σ^2_M, verursacht durch Fehler des Analyseverfahrens. Als **Mischzeit** wird diejenige Zeit bezeichnet, in der die experimentellen Stichprobenvarianzen in das Konfidenzintervall des stationären Endzustandes fallen. In Abb. 7.1 sind zwei Fälle dargestellt, die mit "**x**" und "*" gekennzeichnet sind. Für den Fall "x" wird

σ^2_E bestimmt durch das Analyseverfahren selbst. Die Schwankungen des Mischprozesses sind im stationären Zustand viel kleiner als die analytisch bedingten Schwankungen. Daher kann der Mischprozeß nur zu Beginn verfolgt werden. Die unter diesen Bedingungen erhaltene "Mischzeit" t_X kennzeichnet nicht den Prozeß. Für den Fall "*" ist das Analyseverfahren hinreichend genau, um den Mischprozeß bis in den stationären Zustand zu verfolgen. Sommer [22] weist daraufhin, daß die aufgrund eines unzulänglichen Analyseverfahrens ermittelte "Mischzeit" t_X tückischerweise immer kürzer als die tatsächliche Mischzeit t_* ist.

7.2 Mischzeitverlauf ermittelt mit faseroptischer In-line-Messung

Mischzeiten lassen sich auch mit der im Kapitel 5 dargestellten Sondentechnik ermittelten. Dort war eine faseroptische Sonde am Ausgang eines kontinuierlichen Mischers eingesetzt worden. Ganz analog kann eine derartige Sonde auch im Auslauf eines Chargenmischers montiert werden und erlaubt derart, die erzielte Mischqualität nach der Entleerung zu bestimmen. Für die Ermittlung des zeitlichen Verlaufes der Vermischung ist die Sonde jedoch in den Mischraum selber zu führen (Abb. 7.2). Hierzu wurde die Sonde in einem Pflugscharmischer (Typ MXC 150, Gericke AG) durch eine Bohrung in den Mischraum geführt, das Fenster der Sonde schloß dabei mit der Behälterwand bündig ab. Der Mischer wurde bei den Versuchen mit dem bereits bekannten Testgemisch aus Siliciumcarbid (SiC) und Aluminiumhydroxid ($Al(OH)_3$)befüllt. Der Tracer wurde dabei als

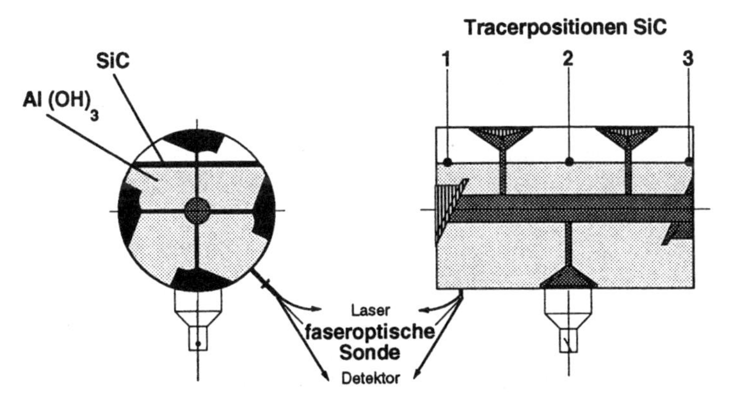

Abb. 7.2 Bestimmung der Mischzeit im Pflugscharmischer MXC150 (Gericke AG)
Parameter: Anfangsposition des Tracers zur Sonde bestimmt Vermischung im Mischerinnenraum

schmaler Streifen an drei verschiedenen Positionen auf das $Al(OH)_3$ gefüllt. In der Position 1 befindet sich die dunkle Tracerkomponente nahe der linken Stirnwand des Mischers und damit gegenüber der Sonde. Bei der Position 2 befindet sich der Tracer in der Mittenposition, und bei der Position 3 wird der Tracer nahe zu rechten Stirnwand auf das Aluminiumhydroxid gelegt. Abb. 7.3 zeigt für die entsprechenden Anfangsbedingungen, d.h. Position des Tracers relativ zur Sonde, wie sich nach Inbetriebnahme des Mischers zur Zeit Null die Konzentration vor der Sonde mit zunehmender Zeit asymptotisch der mittleren Konzentration des Tracers im Mischer annähert. Bei der Position 1 "sieht" die Sonde schlagartig sehr hohe Tracerkonzentrationen, die mit zunehmender Mischzeit abgebaut werden. Die Axialvermischung in Pflugscharmischern geschieht langsamer als die radiale Vermischung, da die Horizontalvermischung senkrecht zur Drehebene der Pflugscharen erfolgen muß.

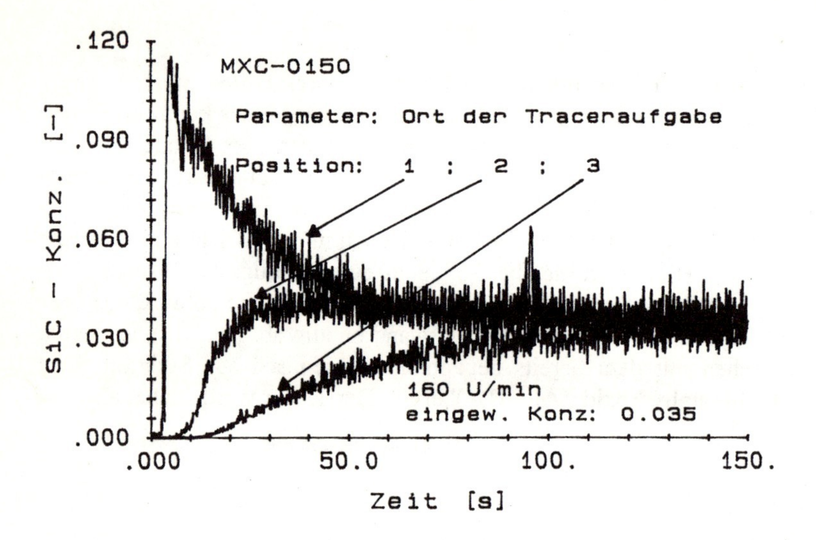

Abb. 7.3 Mischzeitverläufe in einem Pflugscharmischer MXC-150 (Gericke AG) mit einer faseroptischen In-line-Messung ermittelt; Tracer: SiC (schwarz), Hauptkomponente $Al(OH)_3$ (weiß);
1) Tracer an linker Stirnwand nah bei der Sonde, **2)** Tracer in mittlerer Entfernung zur Sonde, **3)** Tracer an rechter Stirnwand

Wie schon weiter oben angedeutet, bestimmen die Anfangsbedingungen wesentlich die Mischzeit. Im ungünstigsten Fall, also der Plazierung des Tracers an den Stirnwänden (Pos. 1 u. 3), muß die Vermischung über die ganze Mischerlänge erfolgen. Hingegen muß bei der Mittenplazierung der Tracerzugabe (Position 2) nur über die halbe Mischerlänge ein Konzentrationsausgleich stattfinden; dies reduziert die Mischzeit von 150 auf 40 Sekunden, also auf ungefähr ein Viertel.

Analog wie in Abb. 7.1 kann auch hier ein Kriterium aufgestellt werden, um die Mischzeit exakter zu bestimmen. Man filtert die hochfrequenten Anteile aus den Konzentrationsverläufen heraus und definiert, daß die Mischzeit der Zeit entspricht, an dem die Konzentration erstmals 95 bzw. 105 % des stationären Endwerts μ erreicht.

Die in Abb. 7.3 dargestellten Konzentrationsverläufe erlauben nur begrenzt Aussagen über die Mischgüte, da das Signal auch vom Bewegungszustand des Materials, verursacht durch die Rotation der Pflugscharen, beeinflußt wird. Dies kann aber mittels einer Frequenzanalyse erkannt und gegebenenfalls korrigiert werden.

Da die Vorvermischung wesentlich die Mischzeit beeinflußt, sollten beim Befüllen die Komponenten gleichzeitig und am gleichen Ort in den Mischer gefüllt werden, um die Mischzeit zu verkürzen.

7.3 Definition eines Mischkoeffizienten zur Charakterisierung der Mischgeschwindigkeit

Wie schon erwähnt, macht die Angabe einer Mischzeit nur Sinn, wenn gleichzeitig die Anfangsbedingungen angegeben werden. Zur dimensionslosen Darstellung multipliziert Entrop [23] die Mischzeit mit der Drehzahl (sprachlich exakter: Drehfrequenz) der Werkzeuge oder des Mischbehälters. Dies ist in der Rührtechnik allgemein üblich. Entrop erstellt folgende Korrelation für Kegelschneckenmischer, die Drehfrequenz n_s, die Eintauchtiefe l_s und den Durchmesser d_s der Schnecke enthält:

$$t \cdot n_s = 13\left(\frac{l_s}{d_s}\right)^{1,93} \tag{7.1}$$

Es ergibt sich eine näherungsweise quadratische Abhängigkeit der dimensionslosen Mischzeit von der Eintauchtiefe der Schnecke l_s (Abb. 7.4). Die Eintauchtiefe der Schnecke charakterisiert die Füllhöhe des Mischers. Bei derartigen Kegelschneckenmischern bestimmt der Konzentrationsausgleich über der Höhe die Mischzeit.

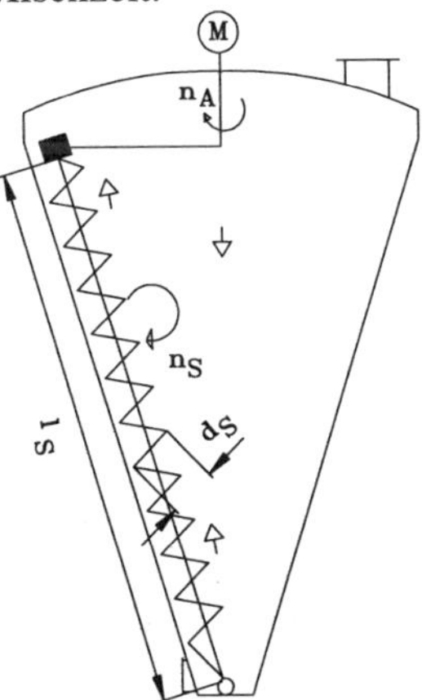

Abb. 7.4 Die Mischzeit im Kegelschneckenmischer ist abhängig von der Schneckendrehfrequenz n_S, der Eintauchtiefe l_S, und dem Schneckendurchmesser d_S (vergleiche Gl. 7.4)

Sobald aber Mischer wie Wirbelschichten oder andere Bunkermischer eingesetzt werden, macht die Normierung der Mischzeit mit der Drehfrequenz wenig Sinn. Ebenfalls ist immer noch die gleichzeitige Angabe der Anfangsbedingungen zur Mischzeit erforderlich. Müller [26] schlägt deshalb die Verwendung von **Mischkoeffizienten** vor, um die Mischgeschwindigkeit zu charakterisieren. Der **Mischkoeffizient M** ist Parameter eines semiempirischen Diffusionsmodelles, der durch Vergleich von Experiment und Modell ermittelt wird. Im folgenden werden die Grundzüge des Modells am Beispiel der Längsvermischung in einem Horizontalmischer skizziert.

Abb. 7.5 zeigt schematisch einen Horizontalmischer mit der Länge L der Ortskoordinate z und der Drehfrequenz n. Müller verwendete dieses Modell in seiner Dissertation [24, 25]. In einem derartigen Horizontalvermischer geschieht der Ausgleich von Gradienten horizontal sehr viel langsamer als radial. Der axiale Konzentrationsausgleich bestimmt also die Mischzeit. In den einzelnen z-Ebenen senkrecht zur Mittelachse wird vereinfacht angenommen, daß nur eine mittlere Konzentration x existiert, aus dieser Vereinfachung resultiert eine eindimensionale Betrachtung.

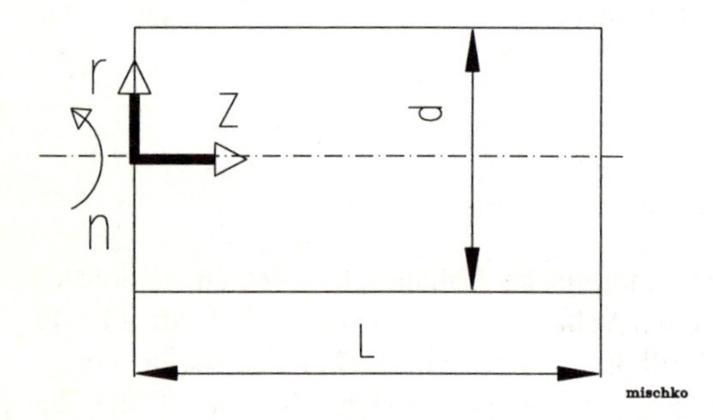

Abb. 7.5 Eindimensionales Modell für Horizontalmischer; axialer Konzentrationsausgleich in z-Richtung verläuft viel langsamer der radiale (r)

Der instationäre Konzentrationsausgleich x(z, t) verläuft nach dem zweiten Fickschen Gesetz:

$$\frac{\partial x(z,t)}{\partial t} = M \frac{\partial^2 x(z,t)}{\partial x^2} \tag{7.2}$$

Der Mischkoeffizient M ist konstant über den gesamten Mischraum (Länge z) und zu allen Zeiten t. Entmischung wird ausgeschlossen. Für die weiter oben spezifizierten Anfangsbedingungen, bei der Tracer sich zunächst an einer Stirnwand befindet, gibt Müller folgende Lösung für den zeitlichen Verlauf der Varianz an:

$$\sigma^2(t) = \sigma^2_{syst}(t) + \sigma^2_z \tag{7.3}$$

Für die systematische Abweichung ergibt sich dabei folgender einfacher Zusammenhang, solange die Tracerkonzentration sehr viel kleiner als 1 ist :

$$\sigma^2_{syst} = \mu^2 2e^{\frac{(-2)\pi^2 Mt}{L^2}} \tag{7.4}$$

Ein großer Mischkoeffizient M bewirkt eine kurze Mischzeit. Eine große Mischerlänge L und damit großer Mischweg hat gerade den gegenteiligen Effekt, wobei die Mischerlänge in Gleichung 7.4 sogar im Quadrat erscheint. Gleichung 7.3 und 7.4 erlauben die experimentelle Bestimmung des Mischkoeffizienten M. Die aus dem Experiment ermittelten Stichprobenvarianzen werden logarithmiert und über der Mischdauer aufgetragen (s. Abb. 7.5). Dieses Logarithmieren verändert Gleichung 7.3 wie folgt:

$$\ln(\sigma_t^2) = \ln\left[(\sigma_z^2) + 2\mu^2 e^{\frac{-2\pi^2}{L^2}\cdot M\cdot t}\right] \tag{7.5}$$

Bei kurzer Mischdauer ist systematische Varianz σ^2_{syst} sehr viel grösser ist als die Varianz im stationären Zustand σ_z^2, daraus folgt Gleichung 7.7:

$$t << t_* \Rightarrow \sigma_z^2 << \sigma^2_{syst} \tag{7.6}$$

$$\Rightarrow \ln(\sigma^2(t)) = \frac{-4\mu^2\pi^2}{L^2}\cdot M\cdot t \tag{7.7}$$

In der halblogarithmischen Darstellung der Varianzen über der Mischdauer (Abb. 7.5) läßt sich aus der Anfangsteigung der Mischkoeffizient M nach Gleichung 7.7 bestimmen.

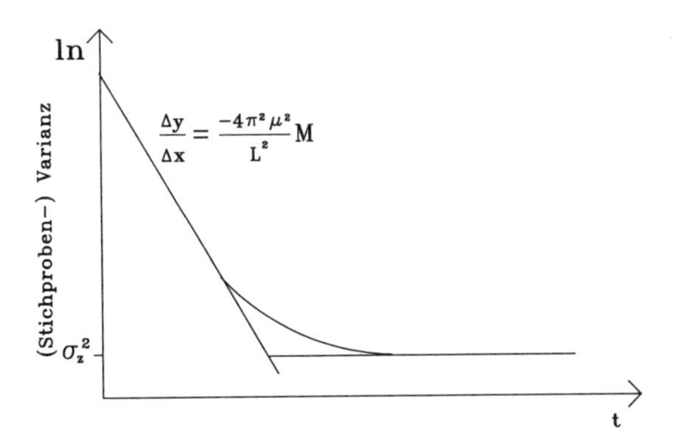

Abb. 7.5 Halblogarithmische Darstellung der Varianz über der Mischdauer, der Mischkoeffizienten M wird aus der Geradensteigung bestimmt(Entmischung nicht berücksichtigt)

Der Mischkoeffizient kennzeichnet den großräumigen Konzentrationsausgleich, der primär durch die Bewegung von großen Ballen zueinander bewirkt wird. So überrascht es nicht, daß der Mischkoeffizient zwar vom Mischertyp, Geometrie und Betriebsbedingungen des Mischers abhängt, nicht aber vom Stoffgemisch. Müller verifizierte dies für Feststoffgemische unterschiedlicher Korngröße und Dichte [24, 26]. Die vorgestellte Modellierung setzt voraus, daß die Mischungskomponenten sich in ihrem Bewegungsverhalten nicht unterscheiden, und damit Entmischungstendenzen ausgeschlossen sind. Diese können in einem erweiterten Modell berücksichtigt werden, indem man zusätzlich einen Transportkoeffizienten einführt. An dieser Stelle sei auf die Veröffentlichungen von Sommer verwiesen [27] und Müller verwiesen [24]. Im nachfolgenden Kapitel über das kontinuierliche Mischen wird das Dispersionsmodell vorgestellt, das eng verwandt mit dem gerade vorgestellten Modell ist.

7.4 Scale-up von Chargenmischern

Die Wissensbasis zum Scale-up von Chargenmischern ist, wie bei vielen anderen Prozessen, in denen Feststoffe die dominierende Rolle spielen, schmal. Dies liegt an den nur schwierig zu erfassenden Produkteigenschaften. In der letzten Literaturübersicht von L.T. Fan und Yi-Ming Chen [12] empfehlen die Autoren drei Arbeiten zum Scale-up: Die Veröffentlichung von Miyanami [28] ist leider in Japanisch, eine andere Arbeit ist die bereits öfter zitierte Veröffentlichung von W. Müller [26]. In eine dritten Arbeit stellen Rudolf von Rohr und Widmer [29] fest, daß Korrelationen für Bandmischer bezüglich Mischzeit noch nicht existieren. Die Autoren der Literaturübersicht kommen deshalb zu dem Schluß, das effektive Designverfahren noch entwickelt werden müssen.

Pflugscharmischer

Für ein scale-up sollte versucht werden, zwischen Pilot- und Prozeßmischer *geometrische, kinematische* und *dynamische Ähnlichkeit* zu gewährleisten [29].
Geometrische Ähnlichkeit verlangt gleiche Verhältnisse der linearen Abmessungen im kleinen und großen Mischer, worunter z. B gleiches Durchmesser zu Längenverhältnis bei Trommelmischern verstanden wird. Die kinematische und dynamische Ähnlichkeit verlangt gleiche Geschwindigkeitsverhältnisse bzw. Kräfteverhältnisse zwischen den beiden Mischern. Es ist leicht einzusehen, daß es unmöglich ist, alle Ähnlichkeiten bei der Vergrößerung einzuhalten.

Mischzeit:

Basierend auf dem Diffussionmodell und experimentellen Befunden zeigte Müller [26, 24], daß für Schleudermischer die Beziehung gilt:

$$\frac{M \cdot t}{L^2} = \text{const} \tag{7.8}$$

Für ein scale up sollte bekannt sein, wie sich die Mischzeit mit der Baugröße und Drehzahl des Mischers verändert. Der Mischkoeffizient M wird dabei zusätzlich von der Froudezahl, dem Durchmesser des Mischers und dem Füllgrad beeinflußt. Bei Schleudermischern findet sich kein Einfluß des Feststoffes, da der großräumige Ausgleich, den der Mischkoeffizient darstellt, durch die Pflugscharen bewirkt wird.

$$M = f(\text{Fr}, d, \text{Füllgrad}, \ldots) \tag{7.9}$$

Die Froudezahl beinhaltet die Drehfrequenz und bezeichnet das Verhältnis von Zentrifugal- zur Erdbeschleunigung (vergl. 6.1). Mit zunehmender Drehfrequenz und damit Froude-Zahl nimmt der Mischkoeffizient zu. Für Standardschleudermischer gibt Müller folgende Beziehung für den Einfluß des Durchmessers d auf den Mischkoeffizienten M:

$$\begin{aligned} \text{Fr} < 3: &\quad \frac{M}{d^2 n} = \text{const} \\ \text{Fr} > 3: &\quad \frac{M}{d^2 n} \sim \text{Fr}^2 \end{aligned} \tag{7.10}$$

Aus Gleichung 7.10 ergibt sich folgende Beziehung für die Mischzeit:

$$\begin{aligned} \text{Fr} < 3: &\quad t \sim \left(\frac{L}{d}\right)^2 \frac{d}{v} \\ \text{Fr} > 3: &\quad t \sim \left(\frac{L}{d}\right)^2 \frac{d^3}{v^5} \end{aligned} \tag{7.11}$$

Besonders im Bereich hoher Froudezahlen erreichen Mischer mit geringen Länge und großen Durchmessern kürzere Mischzeiten als volumengleiche Mischer mit vergrößerter Mischerlänge. Untersuchungen zu Mischvorgängen in Pflugscharmischern hat auch Scheuber [69] durchgeführt. Er setzte Mischer mit einem Volumen zwischen 50 und 3000 l ein. Meili untersuchte GMS-Mehrstromfluidmischer zwischen 150 und 600 l [72].

Energiebedarf:
Die Energiebedarf wird bestimmt durch die Leistungsaufnahme P und die Mischzeit t_*:

$$E_{misch} = P \cdot t_* \tag{7.12}$$

Die Leistung ist erforderlich, um den Schüttgutwiderstand, verursacht durch Reibung, zu überwinden. Analog zur Rührtechnik wird die Leistungsaufnahme P dimensionlos als Newtonzahl Ne dargestellt:

$$Ne = \frac{P}{\rho_s (1-\varepsilon) d^5 n^3 \frac{L}{d}} \tag{7.13}$$

Reibungskräfte werden im Bereich niedriger Geschwindigkeiten (Coulomb-Reibung) nicht von der Geschwindigkeit beeinflußt, daher gilt für Froude-Zahlen kleiner als 3 [26]:

$$Ne \sim \frac{1}{Fr} \tag{7.14}$$

Obige Beziehung gilt für Schleudermischer. Mit zunehmender Froude-Zahl gewinnen allerdings Massenkräfte an Bedeutung und es gibt Abweichungen von der Beziehung 7.14. Die Froude-Zahl beschreibt, im Gegensatz zur Reynoldszahl beim Fluidmischen, nicht den Bewegungszustand [26, 30], je nach Form der Mischwerkzeuge kann sich der absolute Wert der aufgenommenen Leistung deutlich unterscheiden. Gleichfalls beeinflussen Rauhigkeit und Feinheit der Feststoffe wesentlich die aufgenommene Leistung.

Kegelschneckenmischer (s. Abb. 7.4)
Die Korrelation von Entrop [23] zur Leistungsaufnahme enthält als wichtigste Größe die Eintauchtiefe der Schnecke l_s und den Schneckendurchmesser d_S:

$$\frac{P}{n_s \rho_s (1-\varepsilon) d_s^4 g} = k_1 \left(\frac{n_s}{n_a}\right)^m \left(\frac{l_s}{d_s}\right)^{1,7} \quad ; \quad m \to 0 \tag{7.15}$$

Die Korrelation für die Mischzeit ist bereits in Gleichung 7.1 angegeben worden.

Wirbelschichtmischer:
Wirbelschichten Abb. 7.6 stellen Apparate mit komplizierten Strömungsvorgängen sowohl für die Feststoffphase als auch für die Gasphase dar, die bis heute noch nicht gänzlich verstanden sind. Wirbelschichten eigenen sich zur Vermischung sehr großer Mengen. Der spezifische Energiebedarf E_m läßt sich bis heute nicht vorausberechnen. Gleichung 7.16 zeigt einige wesentliche Einflußgrößen [26]:

$$E_m \sim \frac{z}{M} d_p^2 H^2 \tag{7.16}$$

Für sehr grobe Partikel wird der Leistungsbedarf sehr groß, gleichfalls nimmt mit der Silohöhe der Leistungsbedarf quadratisch zu. Noch unklar ist, wie der Mischkoeffizient M vom Fluidisierungszustand, hier dargestellt als Vielfaches der Lockerungsgeschwindigkeit z, abhängt. Abhängig von der Fluidisierungsgeschwindigkeit können Mischkoeffizienten wenigen cm/s^2 bis zu einigen tausend cm/s^2 betragen. Mit zunehmenden Behälterdurchmesser steigt die Mischgeschwindigkeit. Eindimensionale Modelle stoßen bei diesem Mischtyp an ihre Grenzen, da axiale und radiale Mischvorgänge bei einer genauen Betrachtung berücksichtigt werden müssen.

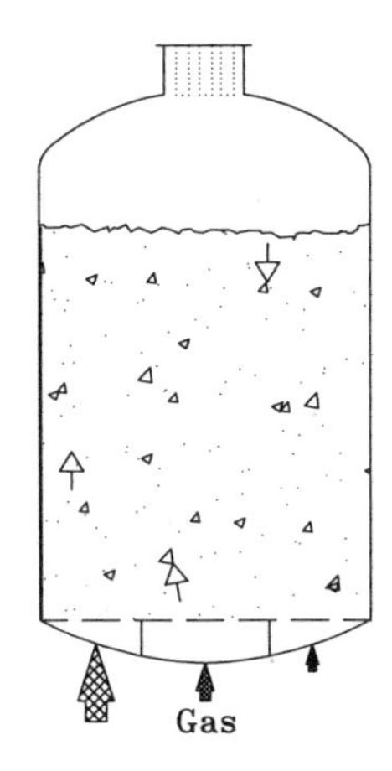

Abb. 7.6 Prinzip eines Wirbelschichtmischers

Da die Bewegung von den Fluidisierungseigenschaft des Feststoffes stark abhängt, verwundert nicht, daß dies auch für den Mischkoeffizienten gilt. Austauschvorgänge und damit damit auch der Mischkoeffizient ändern über der Höhe der Wirbelschicht (s. [31] - [33]).

8 Kontinuierliches Mischen von Feststoffen

In einem kontinuierlichen Mischprozeß werden die Komponenten fortlaufend dem Mischer zugeführt, vermischt und das Produkt der nächsten Prozeßstufe zur Verfügung gestellt. Die Schritte Dosierung, Mischen und Entleeren erfolgen lokal hintereinander, aber gleichzeitig.

Gegenüber dem Chargenmischprozeß ist die Dosierung bei kontinuierlicher Prozeßführung apparativ aufwendiger. Das Abwiegen der Komponenten und Befüllen des Chargenmischers wird beim kontinuierlichen Mischen durch eine geregelte Zugabe der Komponenten ersetzt. Dies ist insbesondere bei der Erstellung von Vielkomponentenmischungen aufwendig. Bei gegebenem Durchsatz ist die Mischzeit in einem kontinuierlichen Mischer durch die Verweilzeit des Materials im Mischer fest vorgegeben, zu dieser geringeren Flexibilität kommen An - und Abfahrverluste als weitere Nachteile des kontinuierlichen Prozesses. Doch besitzt er wesentliche verfahrenstechnische und wirtschaftliche Vorteile gegenüber dem Chargenprozeß:
Kontinuierliche Mischer sind selbst bei hoher Durchsatzleistung kompakt. Dies bedeutet kurze Mischwege und damit insgesamt eine einfachere Vermischung. Integriert in eine kontinuierliche Produktion spart ein kontinuierlicher Mischprozeß Speicher oder Silos ein, eine Automatisierung ist vom Prozeßablauf her vereinfacht. Bei gefährlichen Produkten oder Ausgangsmaterialien besitzt der kontinuierliche Prozeß ein niedrigeres Gefahrenpotential, da jeweils nur eine kleine Materialmenge im Mischer akkumuliert ist. Entmischung kann in einem kontinuierlichen Mischer begrenzt werden. In Kapitel 2 wurde darauf hingewiesen, daß freifließende Feststoffe zur Entmischung neigen, sobald sich die Komponenten der Mischung in ihrem Bewegungsverhalten unterscheiden. Entmischung tritt ein beim Entladen von Silos, beim Transport der Mischung oder bereits beim Entleeren eines Chargenmischer. Ein kontinuierlicher Mischer, der aufgrund seiner kompakten Bauweise leicht vor der nächsten, weiterverarbeitenden Stufe positioniert werden kann, gewährleistet, daß die nächste Stufe des Prozesses tatsächlich eine Mischung hoher Qualität zur Verfügung gestellt bekommt.

Dem kontinuierlichen Mischer stellen sich prinzipiell zwei Aufgaben (Abb. 8.1): Die Komponenten, die im Extremfall räumlich nebeneinander in den Mischer gelangen, müssen **radial** gemischt werden. Radial heißt in diesem Fall quer zur Transportrichtung des Gutes im Mischer. Ist die Dosierung nicht zeitkonstant oder sind die Komponenten in sich inhomogen, muß der Mischer zusätzlich auch Konzentrationsunterschiede in **axialer** Richtung, d. h. in Transportrichtung, ausgleichen.

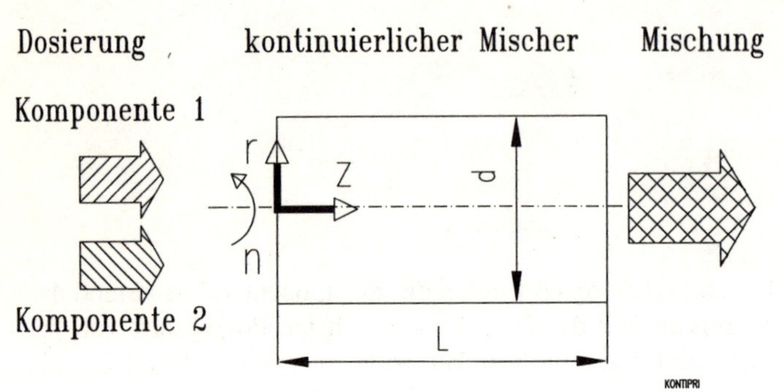

Abb. 8.1 Kontinuierliche Vermischung zweier Komponenten

Hat ein Mischer nur die radiale Mischaufgabe zu lösen, kann er sehr kompakt gebaut werden, da bei schlanken Mischern mit hoher Drehzahl der radiale Konzentrationsausgleich über kurze Mischwege schnell erfolgt. Die Verweilzeit des Gutes im Mischer muß gerade so lang sein, um dieses sicher zustellen. Hierbei ist zu überprüfen, inwiefern eine radiale Vermischung überhaupt notwendig ist, oder ob eine zeitkonstante Dosierung aller Komponenten, bei denen man die Dosierströme eng zusammenführt (Mischen im Dosierstrom, Kap. 6), für die Anwendung ausreicht.

8.1 Varianzreduktion als Maß für die axiale Vermischung in kontinuierlichen Mischern

In Kapitel 3 wurde dargestellt, daß man die Qualität einer Mischung mit der Varianz oder dem Leistungsdichtespektrum beschreiben kann. Dies gilt natürlich auch für Produkte, die einen kontinuierlichen Mischer verlassen. Neben der Qualität einer kontinuierlich erstellten Mischung ist darüber hinaus von großem Interesse, inwieweit ein kontinuierlicher Mischer stoffliche Inhomogenitäten der Feedkomponenten oder eine schwankende Dosierung durch axiale Vermischung abbauen kann. Danckwerts [44] schlug zur Beschreibung dieses Abbaus den Begriff "**Varianzreduktion**" (engl. variance reduction ratio; VRR) vor. Diese ist definiert als das Verhältnis der Varianzen am Ein- und Auslaß des Mischers:

$$\mathrm{VRR} = \frac{\sigma_{\mathrm{in}}^2}{\sigma_{\mathrm{out}}^2} \tag{8.1}$$

Die Varianzreduktion vergleicht also die Mischqualität am Ein- und Auslaß des Mischers und charakterisiert damit die Effizienz eines kontinuierlichen Mischers. Dies soll an einem realen Beispiel illustriert werden:

Abbildung 8.2 zeigt das Schema und Abbildung 8.3 ein Foto der Anlage zur Untersuchung des kontinuierlichen Mischens am Institut für Verfahrens- und Kältetechnik der Eidgenössischen Technischen Hochschule Zürich (*ETH*) [30]. Zwei Dosierer führen dem Mischer die Komponenten zu. Beide Dosierer stehen samt Vorratsbehältern auf Waagen, aus der Abnahme des Gewichts über der Versuchsdauer werden Mengenströme und Konzentration der Tracerkomponenente am Mischereingang bestimmt. Hauptkomponente ist wiederum weißes $Al(OH)_3$, das mit der dunklen Tracerkomponente SiC vermischt werden soll. Dies geschieht in einem horizontalen Doppelwellenmischer vom Typ Multiflux II (Gericke AG). Am Mischerausgang ist die in Kapitel 5 vorgestellte faseroptische Sonde installiert, welche eine In-line-Bestimmung der Konzentration an SiC erlaubt.

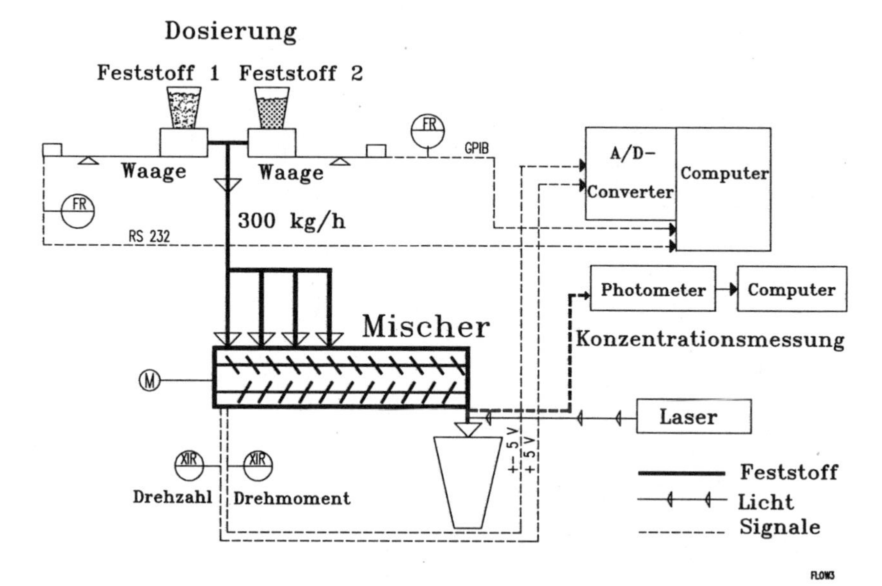

Abb. 8.2 Schema der Versuchsanlage des Instituts für Verfahrens- und Kältetechnik der ***ETH-Zürich*** zum kontinuierlichen Mischen von Feststoffen, Einlaßkonzentration der Tracerkomponente wird aus Waagensignalen ermittelt, der Konzentrationsverlauf am Mischerauslaß mit faseroptischer In-line-Messung

Um die Varianzreduktion in diesem Mischer zu bestimmen, wurde bewußt die Dosierung verschlechtert, indem die Tracerkomponente SiC periodisch an- und abgeschaltet wurde. Da die gewählte Tracerkonzentration sehr klein ist, ist der

Füllgrad im Mischer nahezu konstant. Die Konzentration der Tracers SiC am Mischereingang ist in Abb. 8.4a gestrichelt eingezeichnet. Die Meßwerte wurde aus den Waagensignalen berechnet. Die Tracerkonzentrationen am Mischerausgang, die mit der faseroptischen Sonde ermittelt wurden, sind in Abbildung 8.4 a mit einer durchgezogenen Linie gekennzeichnet.

Abb. 8.3 Foto der Versuchsanlage des Instituts für Verfahrens- und Kältetechnik der ***ETH-Zürich*** zum kontinuierlichen Mischen von Feststoffen

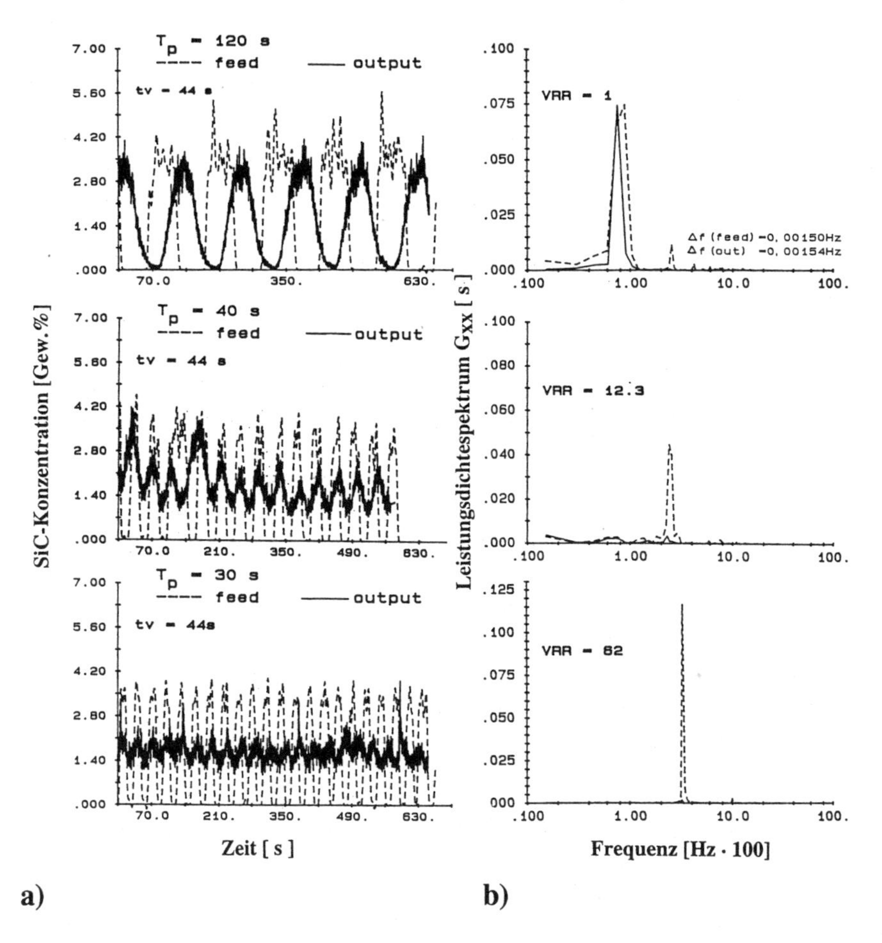

Abb. 8.4 Varianzreduktion im kontinuierlichen Multifluxmischer II (Gericke)
Tracerdosierer (SiC) getaktet, Parameter: Periode des Taktes T_p, Dosierstrom der Hauptkomponente $Al(OH)_3$ ist konstant, **a)** Konzentrationsverlauf **b)** Leistungsdichtespektum
Gemisch SiC (Tracer, $d_{p3,50}$=26μm) und $Al(OH)_3$ ($d_{p3,50}$=26μm)

Varianzreduktion: Grobanalyse der Versuchsreihe in Abb. 8.4 a

Für eine erste Analyse der Versuchsreihe konzentrieren wir uns auf die drei Konzentrationsreihen, jeweils am Mischerein- und Auslaß in Abb. 8.4a. Durch das periodische An- und Abschalten des Dosierers schwankt die Konzentration am Einlaß in Form einer Rechteckwingung. Da Schwankungen (Streuung) um eine Mittellage hohe Varianz bedeuten, ist die Eingangsvarianz hoch.

Der Mischer soll nun diese Eingangschwingung dämpfen, wodurch die Varianz reduziert würde. In der obersten Versuchsreihe, in der der Tracerdosierer alle 60

Sekunden an- und abgestellt wurde, also mit einer Periode von 120 Sekunden, gelingt dies nicht. Die Schwankung am Mischerausgang ist genauso groß wie am Eingang. Da die mittlere Verweilzeit im Mischer nur 44 Sekunden beträgt und damit deutlich kleiner als die Periode der Dosierschwankung ist, erstaunt dies nicht. In den beiden folgenden Versuche wurde der Dosiertakt verkürzt. Nun beträgt die Periode T_p 40 bzw. 30 Sekunden, die mittlere Verweilzeit im Mischer ist wiederum 44 Sekunden. Hier gelingt es dem Mischer nun, diese Eingangsschwankungen deutlich zu reduzieren.

Die Varianzreduktion, die Fähigkeit des Mischers, Eingangschwankungen zu dämpfen, wird also wesentlich vom Verhältnis der Periode der Dosierschwankung zur mittleren Verweilzeit im Mischer bestimmt.

Varianzreduktion: Detailanalyse der Versuchsreihe in Abb. 8.4 a

Bei der in Abbildung 8.4 dargestellten Versuchsreihe mit Schwingungen um eine mittlere Konzentration und Periodenlängen des Dosiertaktes, liegt es nahe, die Methoden der Frequenzanalyse auf diese Versuchsergebnisse anzuwenden. Hierzu wird das Leistungsdichtespektrum, daß zur Analyse stochastischer Mischdaten dem Leser bereits in Kapitel 3 vorgestellt wurde, auf die vornehmlich periodischen Meßdaten in Abbildung 8.4 angewendet. Das Leistungsdichtespektrum stellt eine elegante Methode zur Bestimmung der Varianzreduktion dar.

Die Dosierschwingungen in Abbildung 8.4 a sind Rechteckschwingungen mit Perioden T_p von 120 bzw. 40 und 30 Sekunden. Eine Rechteckschwingung ist mathematisch eine Überlagerung mehrerer Sinusschwingungen (Fouriersynthese) [49]. Die Grundschwingung besitzt die Periode T_p, hinzu kommen Schwingungen kürzerer Perioden ($T_p/3$; $T_p 1/5$; $T_p/7$; ...) und deutlich kleinerer Amplitude. In Abbildung 8.4a oben dämpft der Mischer die Schwingungen höherer Frequenz (= kürzerer Periode); dies zeigt sich am Verlust des Rechteckprofils. Am Mischerausgang schwingt die Konzentration näherungsweise sinusförmig. Die Grundschwingung mit der Periode T_p=120 Sekunden erscheint jedoch unverändert mit gleicher Amplitude am Mischerausgang. Amplituden wie Varianzen beschreiben die Streuung um einen Mittelwert, die Amplitude dieser Grundschwingung wie auch die Varianz ist im Mischer nicht reduziert worden (VRR=1).

In der Abbildung 8.4b ist die Frequenzanalyse der Konzentrationsverläufe mit dem Leistungsdichtespektrum dargestellt. Sinusförmige Schwankungen der Periode T_p besitzen im Leistungsdichtespektrum einen Peak an der Stelle $1/T_p$. Multipliziert man die Peakhöhe mit der Abtastfrequenz (entspricht der Fläche), erhält man die Varianz bei der entsprechenden Frequenz (vergleiche auch Kap. 3). Die Varianzreduktion wird dann nach Gleichung 8.2 ermittelt:

$$\mathrm{VRR}(f) = \frac{(\mathrm{peak}(f) \cdot \Delta f)_{\mathrm{input}}}{(\mathrm{peak}(f) \cdot \Delta f)_{\mathrm{output}}} \tag{8.2}$$

Für die weitere Betrachtung konzentrieren wir uns auf die Gundschwingung mit der Periode T_P. Verkleinert man nun die Taktdauer für die Dosierung der Tracerkomponente (Abb. 8.4, Mitte, unten) auf 40 bzw. 30 Sekunden, erscheint die Dämpfung der Gundschwingung als Peakreduktion. Bereits für eine Periode von 40 Sekunden ist die Dämpfung erheblich, die Varianzreduktion erreicht den Wert 12,3. Für eine Periode von 30 Sekunden ist der Peak am Mischerauslauf nur noch zu erahnen, die Varianzreduktion ergibt einen Wert 62. Diese Versuche zeigen sehr anschaulich, wie wichtig eine zeitkonstante Dosierung in kontinuierlichen Prozessen ist.

Die Zeitkonstanz beim Dosieren von Feststoffen hat in den letzten Jahren zugenommen. Ein Überblick über kontinuierliches Dosieren und Mischen folgt in den Kapitel 10-11. Durch den Einsatz z. B. von Differentialdosierwaagen erreicht man eine hohe Langzeitkonstanz. Klumpenweises Abfallen kohäsiver Pulver vom Dosierorgan läßt sich durch eine geeignete konstruktive Gestaltung der Dosierorgane verringern. Werden Komponenten in nur sehr kleinen Mengen zugeführt, wird aufgrund der begrenzten Auflösung der Massenstrommessung eine geregelte kontinuierliche Dosierung schwieriger. Eine taktweise Dosierung bietet sich an, bei der der Mischer dann auch axial den Konzentrationsausgleich herzustellen hat. Ein extrem kurzzeitkonstantes Dosierprinzip für Durchsätze von einigen Tonnen pro Stunde wurde von Tesch und Reh entwickelt [45]. Frei fließende Feststoffe werden aus einer Düse, die sich im Boden einer stationären Wirbelschicht befindet, dosiert. Die Dosierung war selbst in Bruchteilen einer Sekunde konstant.

Die Varianzreduktion, die in einem Mischer erreicht werden kann, wird neben der Qualität der Dosierung von der *Verweilzeit* und *Verweilzeitverteilung* des Materials im Mischer bestimmt. Diese Begriffe, die in allen kontinuierlichen Prozessen Anwendung finden, werden deshalb im folgenden erläutert.

8.2 Verweilzeitverteilung: Definition und experimentelle Bestimmung

Eine axiale Vermischung kann nur dadurch zustande kommen, daß die Zeit, innerhalb der die Partikel durch den Mischer transportiert werden, nicht mehr einheitlich ist, sondern um einen Mittelwert, die mittlere Verweilzeit, schwankt.

Bei kontinuierlichen chemischen Reaktoren, und häufig erfüllen Mischer neben der Mischaufgabe zusätzlich stoffwandelnde Aufgaben (Reaktion, Trocknung, Granulation etc.) ist eine axiale Vermischung meist unerwünscht, da sie die Ausbeute senkt. Ein kleinere Ausbeute bedeutet bei gleichem Durchsatz aber einen größeren Mischer (Reaktor). Mit der axialen Vermischung steigt weiterhin die Gefahr der Entmischung. Eine enge Verweilzeitverteilung des Feststoffs im Mischer gewährleistet, daß das Produkt gleichmäßig beansprucht wird. Verfahrenstechnisch ideal sollte also ein kontinuierlicher Mischer nicht vor die zusätzliche Aufgabe gestellt werden, eine schwankende Konzentration der Komponenten infolge ungleichmäßiger Dosierung auszugleichen.

In einem kontinuierlichen Strömungssystem wie einem Mischer (oder Reaktor, Mühle, Klassierer etc.) verlassen die Partikel, die gleichzeitig in den Mischer eingetreten sind, ihn nicht zum gleichen Zeitpunkt, da jedes Partikel seinen individuellen, stochastischen Weg durch den Mischer nimmt. Es entsteht eine Verweilzeitverteilung. Bourne [37] definiert die Verweilzeit wie folgt: *"Die Verweilzeit (residence time) eines Bestandteiles in einem Mischer ist die Zeit, während welcher der Bestandteil im Mischer verbleibt.*[1]*"*

Die Verweilzeit ist eine stochastische Größe, da die Bewegung der einzelnen Partikel im Mischer dem Zufall unterliegt. Gerade diese Zufälligkeit der Partikelbewegung führt aber dazu, daß nicht konstante Feedbedingungen im Mischer abgebaut oder gedämpft werden. Eine breite Verweilzeitverteilung kennzeichnet also eine große axiale Vermischung.

Mathematisch ist die Verweilzeit folgendermaßen definiert: Wenn **E(t) dt** den Anteil des aus dem Mischer austretenden Stromes mit einer Verweilzeit zwischen t und t+dt und **F(t´)** den Anteil des austretenden Stromes mit Verweilzeiten $\leq t'$ bezeichnet, dann gilt:

$$F(t') = \int_0^{t'} E(t)\,dt \tag{8.3}$$

t ist eine verteilte Variable, E(t) ist die Dichtefunktion und F(t) die kumulative Verteilungsfunktion der Verweilzeit (Abb. 8.5). Aus Gleichung 8.3 folgt ebenso:

$$E(t) = \frac{dF(t)}{dt} \tag{8.4}$$

Wie für andere Verteilungsfunktionen, z. B. der Partikelgröße, erhält man charakteristische Kennzahlen der Verweilzeitverteilung, indem man ihre Momente berechnet:

$$\int_0^{\infty} E(t)\,dt = F(\infty) - F(0) = 1 \tag{8.5}$$

Bei stationären Betriebsbedingungen entspricht die **mittlere Verweilzeit t_v** dem Verhältnis von der im Mischer akkumulierten Masse zum Durchsatz:

$$t_v\,[s] = \frac{\text{strömende Masse im Mischer}\,[kg]}{\text{Massenstrom}\,[kg/s]} \quad ; \; \rho_s = \text{const} \tag{8.6}$$

---

[1]Wenn man von einer Verweilzeit in einem Feststoffmischer spricht, wird vorausgesetzt, daß die Komponenten nicht individuell sondern gemeinsam als Mischung im Mischer transportiert werden. Gerade bei sich entmischenden Produkten bedarf diese Annahme der experimentellen Überprüfung.

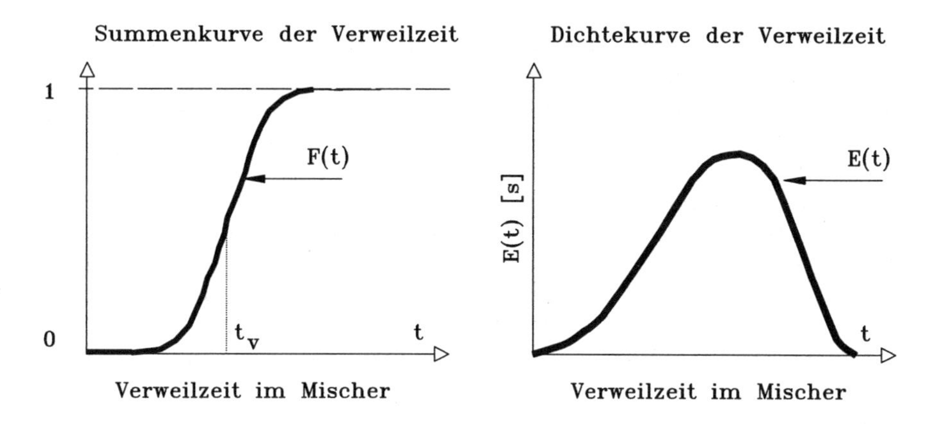

Abb. 8.5 Verweilzeitverteilung dargestellt als Summenverteilung F(t) und Dichteverteilung E(t)

Die mittlere Verweilzeit t_V läßt sich auch aus der Verweilzeitverteilung mit dem 1. Moment errechnen.

$$t_V = \int_0^\infty tE\,dt = \int_0^1 t\,dF \tag{8.7}$$

Die Varianz ist ein Maß für die Breite der Verweilzeitverteilung und damit der axialen Vermischung. Sie berechnet sich mit dem 2. zentralen Moment:

$$\sigma_{t_V}^2 = \int_0^1 (t - t_V)^2 dF = \int_0^\infty (t - t_V)^2 E\,dt \tag{8.8}$$

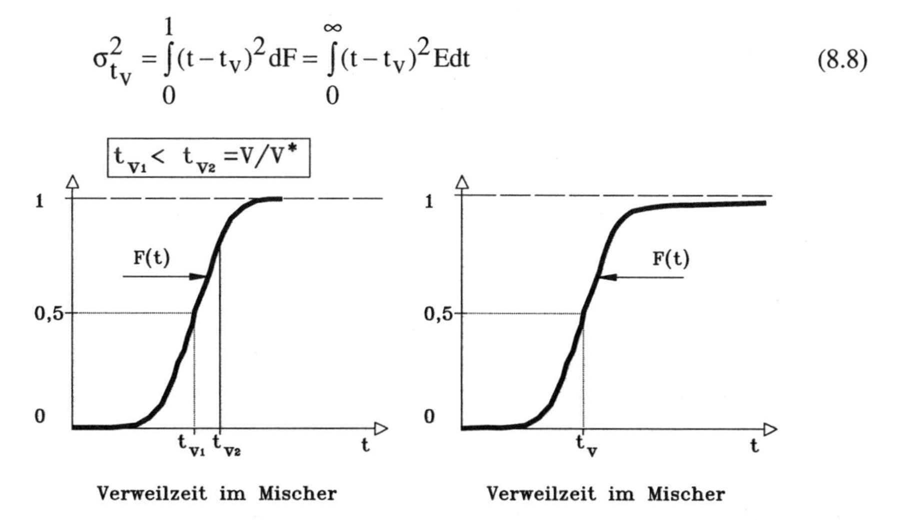

Abb. 8.6 Die Verweilzeitverteilung zeigt Anomalien bei dem Transport der Materialien durch den kontinuierlichen Mischer

Die Verweilzeitverteilung stellt einen zeitlichen Ablauf dar, mit der das Gut den Mischer passiert. Eine schlechte Strömungsführung im Mischer deckt sie auf. In Abbildung 8.6 finden sich hierzu zwei Beispiele. Im linken Bild war gemäß Gleichung 8.6 eine mittlere Verweilzeit t_{v2} erwartet worden, tatsächlich ist die gemessene mittlere Verweilzeit t_{v1} deutlich kleiner. Ein Teil des Materials wird sehr schnell durch den Mischer transportiert, der andere nimmt am Mischprozeß nicht teil und bleibt stationär im Mischer. Dies führt zu einer Verkürzung der mittleren Verweilzeit. Im rechten Bild erkennt man, daß ein Teil des Gutes erst nach sehr langen Zeiten den Mischer verläßt. Dieses "Tailing" deutet auf "Totzonen" im Mischer hin, aus denen das Material stark verzögert und unter Schwierigkeiten austreten kann. Detailliert beschreiben derartige Effekte Levenspiel [42] und Villermaux [73].

Die Verweilzeitverteilung wird bestimmt, indem man dem Mischer im stationären Betrieb eine Störung aufzwingt, und beobachtet, wie diese Störung im Mischer abgebaut wird (stimulus - response method). Die Zugabe (oder der Entzug) eines Tracers bewirkt die Störung, die Konzentration des Tracers am Ausgang des Mischers wird gemessen. Ein Sprungversuch ist bei Feststoffen leichter zu realisieren als z. B. eine impulsförmige Zugabe des Tracers. Einen Überblick über andere Störsignale geben Wen und Fan [38]. Ein klassischen Sprungversuch zeigt Abb. 5.8 im Kapitel 5. Die kumulative Verteilungsfunktion F(t) analog Abb. 8.5 aus diesem Sprungversuch erhält man, indem man den Konzentrationsverlauf x(t) mit der Startkonzentration x_1 und der Endkonzentration x_2 normiert:

$$F(t) = (x(t) - x_1) / (x_2 - x_1) \tag{8.9}$$

Der Tracer muß in kleinen Konzentrationen quantitativ meßbar sein, um das Strömungsbild nicht zu verändern. Sein Bewegungsverhalten soll dem der Mischung entsprechen. Holzmüller [10] und Fan [40] benutzen radioaktive Tracer, um die Verweilzeitverteilung zu bestimmen. Der Aufwand und die Sicherheitsanforderungen bei dieser Technik sind heutzutage enorm. Weineкötter [30] verwendet als Tracer dunkles SiC oder grünes Irgalite, deren Konzentration in einer Mischung mit weißem $Al(OH)_3$ optisch mit dem in Kapitel 5 beschriebenen Verfahren in line gemessen werden kann.

8.3 Beschreibung der axialen Vermischung mit dem Dispersionsmodell

Das Geschwindigkeitsfeld in einem Mischer ist sehr komplex, seine theoretische Beschreibung heute noch unmöglich. Um dennoch das Strömungsverhalten eines Mischers zu beschreiben, stützt man sich auf empirische Modelle und versucht mit den Kenngrößen dieser Modelle das tatsächliche Verhalten des Mischers zu erfassen. Ein klassisches Modell ist das **Dispersionsmodell**. Es leitet sich aus der allgemeinen Transportgleichung ab und basiert auf folgender Vorstellung (Abb. 8.7).

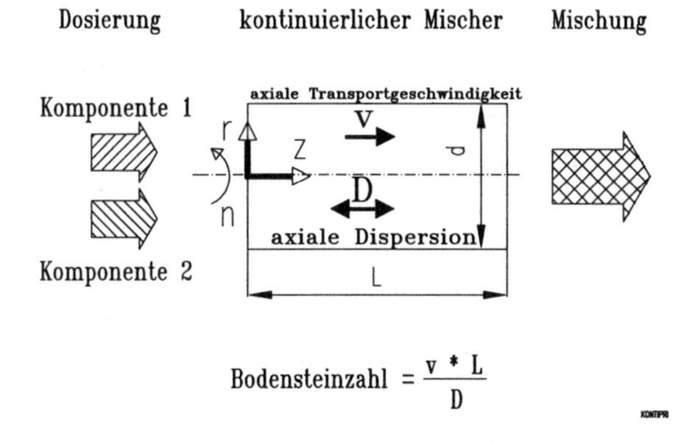

Abb. 8.7 Schematische Darstellung des Dispersionsmodell

Die Bewegung des Feststoffes im Mischer läßt sich durch eine Überlagerung von einer Kolbenströmung mit der Geschwindigkeit v mit einem stochastischen Dispersionsvorgang mit dem Dispersionskoeffizienten D beschreiben. Die Dispersion wird dem Feststoff von den Mischelementen aufgezwungen. Sie bewirkt, daß der Feststoff nicht mit einheitlicher Geschwindigkeit (Rohrströmung) den Mischer passiert. Je größer der Dispersionskoeffizient D, um so größer ist die axiale Vermischung. Zur Aufstellung der *allgemeinen Transportgleichung* trifft man mehrere Annahmen [41] (Abb. 8.7):

- Die Längsachse des Mischers sei die z-Achse.
- Ein - bzw. Austritt des Gutes erfolgen nur durch die Stirnseiten.
- Die Querschnittsfläche ist über die Länge konstant.
- Es existiert keine Heterogenität in radialer Richtung (eindimensionales Modell; $L >> d$)

Die allgemeine Transportgleichung schreibt sich dann wie folgt [38]:

$$\frac{\partial x}{\partial t} = -v \cdot \frac{\partial x}{\partial z} + D \cdot \frac{\partial^2 x}{\partial z^2} \tag{8.10}$$

D bezeichnet den axialen Dispersionskoeffizienten (vergleiche Definition des Mischkoeffizienten beim Chargenmischen, Kapitel 7). Gleichung 8.10 wird üblicherweise in dimensionsloser Form dargestellt. Hierfür werden die entsprechenden Größen mit der Mischerlänge L bzw. der mittleren Verweilzeit t_V normiert:

$$\xi = z/L ; \theta = t/t_V ; t_V = L/v \tag{8.11}$$

Aus Gleichung 8.8 und 8.9 folgt dann die **dimensionslose Form der allgemeinen Transportgleichung**:

$$\frac{\partial x}{\partial \theta} = \left[\frac{D}{v \cdot L}\right] \cdot \frac{\partial^2 x}{\partial \xi^2} - \frac{\partial x}{\partial \xi} \tag{8.12}$$

Der Ausdruck in der Klammer verdient besonderes Interesse:

$$\frac{v \cdot L}{D} \equiv \text{Bodensteinzahl} \equiv \text{Pecletzahl} \tag{8.13}$$

Die **Bodensteinzahl** bezeichnet das Verhältnis von axialer konvektiver Geschwindigkeit v zum Dispersionskoeffizienten D (Abb. 8.7). Ist die Bodensteinzahl nahe Null, überwiegt die Dispersion. Die Verweilzeitverteilung im Mischer nähert sich der im **idealen Rührkessel** [42]. Ist die Bodensteinzahl sehr groß, hat man eine reine **Kolbenströmung**. Für eine Anwendung der Gleichung 8.12 sind die Randbedingungen abzuklären. Es wird vorausgesetzt, daß nur im Mischer eine axiale Dispersion existiert, vor dem Eintritt bzw. nach Verlassen des Mischers sei D = 0. Dies bezeichnet Levenspiel als "closed vessel" [42]. Gleichung 8.12 ist jedoch mit diesen Randbedingungen analytisch nicht lösbar, eine numerische Lösung ist notwendig. Das Ergebnis der numerischen Lösung der allgemeinen Transportgleichung liefert die Verweilzeitverteilung für verschiedene Bodensteinzahlen [30] (Abb. 8.8). Die Dichteverteilung ist als Funktion der nomierten Verweilzeit aufgetragen ($E = E(\Theta)$; Gl. 8.11). Für Θ gleich 1 entspricht die dimensionslose Verweilzeit der mittleren Verweilzeit. Für kleine Bodensteinzahlen wird die Verweilzeitverteilung sehr breit und unsymmetrisch. Mit wachsender Bodensteinzahl wird die Verweilzeitverteilung enger und nähert sich schließlich einer Verweilzeitverteilung, die eine reine Kolbenströmung bzw. Rohrreaktorverhalten beschreibt.

Die axiale Vermischung in einem durchströmten Reaktor wird häufig als eine Rührkesselkaskade modelliert. Für eine hohe axiale Vermischung bestehen zwischen dem Modell der Rührkesselkaskade und dem Dispersionsmodell jedoch signifikante Unterschiede. Mit zunehmend reinem Transportcharakter der Strömung gleichen sich die beiden Modelle an. Es läßt sich dann folgender Zusammenhang zwischen den Parametern der beiden vorgenannten Modelle, der Bodensteinzahl (Bo) bzw. Anzahl der Rührkessel (N_R) herstellen:

$$Bo = 2 \cdot N_R \quad ; \quad Bo, N_R \rightarrow \infty \tag{8.12}$$

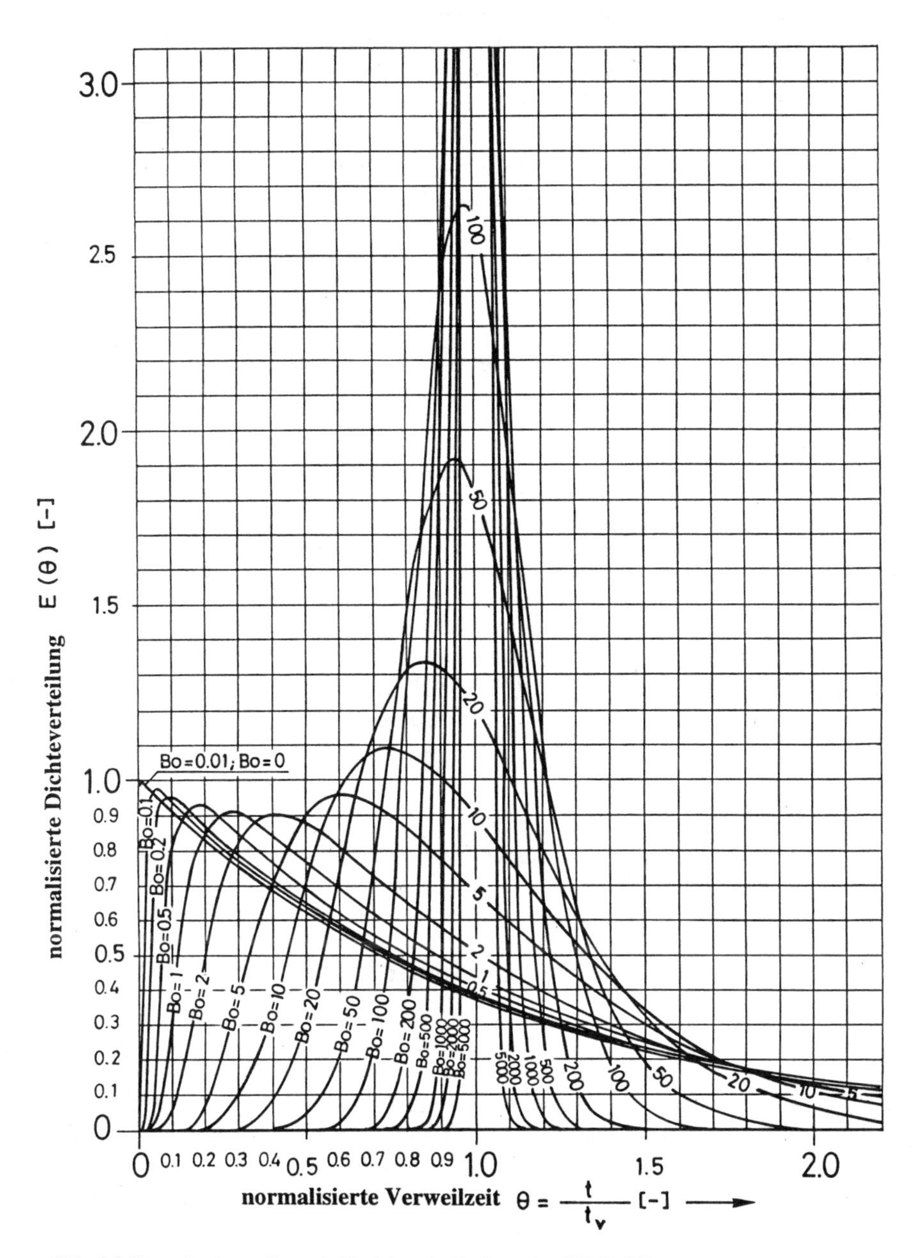

Abb. 8.8 Verweilzeitverteilung als Funktion der Bodensteinzahl [43, 30]

Wenn die Verweilzeitverteilung in einem Mischer für bestimmte Betriebsbedingungen beispielsweise mit einem Sprungversuch gemessen wurde, kann diese experimentelle Verweilzeitverteilung mit einer Verweilzeitverteilung aus dem Dispersionsmodell verglichen werden. Hierbei wird die Bodensteinzahl solange variiert, bis die Verweilzeitverteilung aus dem Dispersionsmodell der experimentellen entspricht. Dies veranschaulicht Abbildung 8.9. Sie zeigt die kumulative Verweilzeitverteilung im GAC-307 Mischer (Gericke AG), aus Vergleich der experimentellen Punkte mit dem Dispersionmodell folgt, daß dieser Mischer unter diesen Betriebsbedingungen recht gut durch eine Bodensteinzahl von 10 beschrieben werden kann [30].

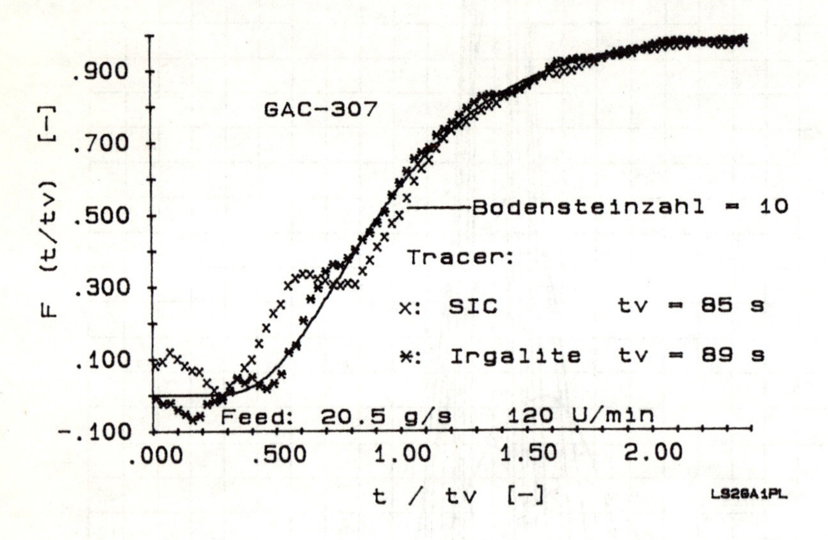

Abb. 8.9 Summenverteilung F(t) der Verweilzeit im GAC-307 Mischer (Gericke AG) Gemisch: $Al(OH)_3$ ($d_{p3,50}$=70 µm) mit SiC ($d_{p3,50}$=26µm) oder Irgalite ($d_{p3,50}$=0,22 µm) mittlere Verweilzeit t_v 85 bzw. 89 Sekunden

8.4 Diagramm zur Auslegung kontinuierlicher Feststoffmischprozesse

Das Experiment, das in Abbildung 8.4 dargestellt ist, illustriert sehr anschaulich, daß die Varianzreduktion von Dosierkonstanz und Verweilzeitverteilung des Feststoffes im Mischer bestimmt wird. Dankwerts zeigte [44], daß man die Varianzreduktion VRR berechnen kann, wenn man die **Autokorrelationsfunktion $R_{xx,feed}$** der zu untersuchenden Eigenschaft im Feedstrom, welche möglichst homogen sein soll, und die **Verweilzeitverteilung E (t)** des Produktes im Mischer kennt:

$$\frac{1}{VRR_{fluid}} = 2 \int_{\tau=0}^{\infty} \int_{t=0}^{\infty} R_{xx,feed}(\tau)E(t)E(t+\tau)dtd\tau \tag{8.15}$$

Die Autokorrelationsfunktion $R_{xx.feed}$ kennzeichnet die Güte der Dosierung und berechnet sich nach Gleichung:

$$R_{xx.feed} = \lim_{T \to \infty} \frac{1}{T} \int_{t=0}^{T} x_{feed}(t) \cdot x(t+\tau)dt \tag{8.16}$$

Entmischungsvorgänge sind In Gleichung 8.15 nicht berücksichtigt. Für das kontinuierliche Mischen von Feststoffen verwendet unter anderem Wang [48] diesen Ansatz. Auch Williams [9] hält prinzipiell Gleichung 8.15 für geeignet, die Varianzreduktion in kontinuierlichen Feststoffmischern vorauszusagen. Er schlägt zudem eine verwandte Methode vor, die ebenfalls die Verweilzeitverteilung verwendet [46]. Die Tracerkonzentrationsschwankungen des Feedstroms und die Verweilzeitverteilung des Feststoffes werden in Matrizenform miteinander multipliziert. Gleichung 8.15 dient als Grundlage eines Auslegungsdiagrammes für kontinuierliche Mischprozesse [30]. Dafür wird zu einer dimensionslosen Beschreibung übergegangen. Die tatsächlichen Verweilzeiten in 8.15 werden hierzu mit der mittleren Verweilzeit t_V normiert:

$$\frac{1}{VRR_{fluid}} = \frac{\sigma^2_{input}}{\sigma^2_{output}} = 2 \int_{\tilde{\tau}=0}^{\infty} \int_{\Theta=0}^{\infty} R_{xx,feed}(\tilde{\tau})E(\Theta)E(\Theta+\tilde{\tau})d\Theta d\tilde{\tau} \tag{8.17}$$

Im vorigen Kapitel wurde die Axialvermischung in einem kontinuierlichen Mischer mit dem Dispersionsmodell beschrieben, wobei sich die Verweilzeitverteilung E als Funktion der Bodensteinzahl ergeben hat (Abb. 8.8).

$$E(\theta) = f(Bo) \tag{8.18}$$

Die Gleichung 8.17 von Danckwerts zu Berechnung der Varianzreduktion gilt strenggenommen nur für das kontinuierliche Mischen von Fluiden. Bei Feststoffen muß berücksichtigt werden, daß der minimale Wert, den die Varianz, die ja die Homogenität einer Feststoffmischung beschreibt, annehmen kann, begrenzt ist. Deshalb ist der Danckwerts Ansatz durch einen additiven Faktor zu ergänzen, der die endliche Homogenität von Feststoffmischungen berücksichtigt:

$$\frac{1}{VRR_{solids}(\hat{f})} = \frac{\sigma^2_{end,solids}}{\sigma^2_{input}(\hat{f})} + 2 \int_{\tilde{\tau}=0}^{\infty} \int_{\Theta=0}^{\infty} R_{xx,feed}(\tilde{\tau})E(\Theta)E(\Theta+\tilde{\tau})d\Theta d\tilde{\tau} \quad ; \hat{f} = \frac{t_V}{T_P} \qquad 8.19$$

$\sigma^2_{end,solids}$ stellt im Idealfall die Varianz der Zufallsmischung dar und ist damit von der Konzentration, der Probengröße und den Partikelgrößenverteilungen der Komponenten abhängig. Für reale Mischungen stellt $\sigma^2_{end,solids}$ die Varianz dar, die sich stationären Zustand bei idealer zeitkonstanter Dosierung am Mischerausgang einstellt.

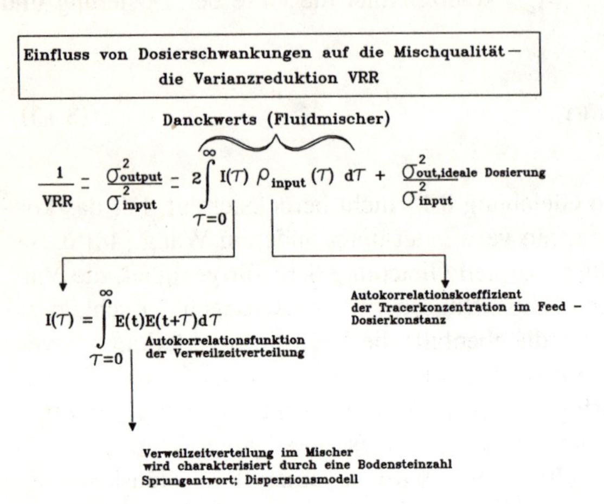

$$\frac{1}{VRR} = \frac{\sigma^2_{output}}{\sigma^2_{input}} = 2\int_{\tau=0}^{\infty} I(\tau)\,\rho_{input}(\tau)\,d\tau + \frac{\sigma^2_{out,ideale\ Dosierung}}{\sigma^2_{input}}$$

$$I(\tau) = \int_{\tau=0}^{\infty} E(t)E(t+\tau)\,d\tau$$

Abb. 8.10

Zusätzlich ist die Art der Mischaufgabe (und damit $R_{xx,feed}$) festzulegen. Der Mischer soll eine sinusförmige Fluktuation der Tracerkonzentration ausgleichen, bei der das Verhältnis der Periode T_P der Dosierschwingung zur mittleren Verweilzeit t_V im Mischer (und damit $\hat{f}$)über einen weiten Bereich variiert wird. Bei einer sinusförmigen Fluktuation der Tracerkomponente im Feed ist die Eingangsvarianz von der Periodendauer unabhängig, die Varianz ergibt sich zu:

$$\sigma^2_{input,sinus}(\hat{f}) = \sigma^2_{input,sinus} = \frac{1}{2}\cdot\mu^2 \tag{8.20}$$

Damit sind alle Modellvorstellungen, die in das Auslegungsdiagramm eingehen, vorgestellt. Abbildung 8.10 illustriert die Verknüpfung der verschiedenen Modelle.

Abbildung 8.11 zeigt für zwei Gemische das Ergebnis des Modells [30]. Aufgetragen ist über der Periode der Dosierschwingung der Tracerkonzentration, die nomiert wurde mit der mittleren Verweilzeit t_V. Die Varianzreduktion ist die y-Achse. Parameter ist die Bodensteinzahl, also die Axialvermischung (Rückvermischung) im kontinuierlichen Mischer. Ebenfalls eingezeichnet sind experimentelle Werte, die aus Versuchen analog Abbildung 8.4 erhalten wurden.

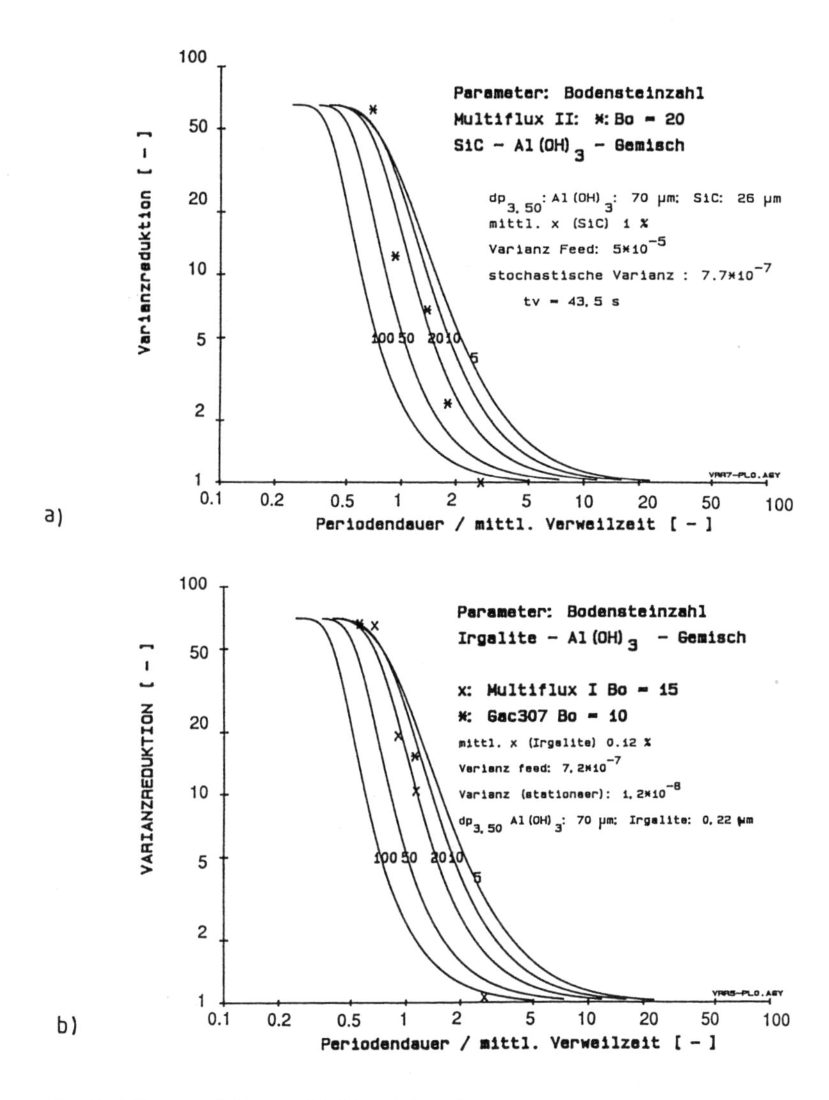

Abb. 8.11 Varianzreduktion im Modell und Experimenten
a) SiC-Al(OH)3-Gemisch; Multiflux II Mischer **b)** Irgalite-Al(OH)3-Gemisch, Multiflux I und GAC 307

Mit länger werdender Periode der Dosierschwingung nimmt die Fähigkeit des Mischers stark ab, die Eingangsvarianz zu reduzieren. Ist die Periode der Dosierschwankung jedoch deutlich kürzer als die mittlere Verweilzeit, steigt die Fähigkeit des Mischers enorm. Arbeitet man in diesem Bereich, ist die Amplitude der Dosierschwankung nahezu unwichtig, da die Dämpfung dermaßen hoch ist.

Fazit:
Bei gegebener Bodensteinzahl läßt sich eine hohe Varianzreduktion auf zwei Wegen erreichen:
- Tieffrequente Dosierschwankungen mit großer Periode T_P werden in großvolumigen Mischern mit hohen Verweilzeiten abgebaut.
- Ein auf den Mischprozeß optimiertes Dosiersystem läßt nur hochfrequente Dosierschwankungen in den Mischer gelangen, dies ermöglicht die Verwendung kompakter Mischer.

Letzterer Weg ist verfahrenstechnisch vorzuziehen. Eine Auslegung von kontinuierlichen Mischprozessen erfordert die Betrachtung des gesamten Prozesses. Die Dosierung bestimmt wesentlich die Baugröße und die Wirtschaftlichkeit des Verfahrens.

9 Mit dem Mischen verbundene Verfahren

In vielen Feststoffmischern werden zusätzlich zum reinen Mischen die pulverförmigen Komponenten einer weiteren Behandlung unterzogen, beispielsweise Agglomerieren, Deagglomerieren, Beschichten, Zerkleinern, Benetzen und Befeuchten der Partikel, Erwärmen (Abkühlen), Trocknung, Reaktion.

9.1 Zugabe von flüssigen Komponenten (Benetzen und Befeuchten)

Das Einmischen einer flüssigen Komponente in die Feststoffmischung kann aus verschiedenen Gründen erfolgen:
- als Wirkstoffzugabe
- zur Bindung von Staub
- zur Vermeidung von Entmischung durch zusätzliche Bindungskräfte,
- zur Granulierung,
- zur Erwärmung oder Kühlung, z.B. direkte Kühlung durch flüssigen Stickstoff
- zur Gewichtsvermehrung mit einer billigen Komponente (Wasser).

Bruchteile von Prozenten bis zu 10 Gewichtsprozent und mehr werden flüssig zugegeben. Die Art der Flüssigkeitszugabe erfolgt über spezielle Sprühdüsen oder die Flüssigkeit wird konstruktiv einfacher über Bohrungen in den Mischraum geführt. Im allgemeinen sind zwei Aufgaben bewältigen:
- Zugabe und gleichmäßige Vermischung der Flüssigkeit mit den Feststoffen innerhalb der verfügbaren Mischzeit beim Chargenmischer bzw. in der entsprechenden Durchsatzleistung beim kontinuierlichen Mischer.
- Vermeidung von Inhomogenitäten durch mit Flüssigkeit angereicherte Agglomerate. Häufig ist eine mechanische Deagglomerierung notwendig, entweder durch die Mischwerkzeuge selbst oder durch angebaute hochtourige Knollenauflöser oder beides.

Für das Versprühen existieren mehrere Arten von Düsen [74]: Zur Erzeugung feiner Tröpfchen muß eine hohe Relativgeschwindigkeit zwischen der Flüssigkeit und der Gasatmosphäre bestehen, in die die Flüssigkeit eingebracht wird. In *Druckzerstäubern* wird die Flüssigkeit unter hohem Druck durch eine Öffnung

gepreßt. Hierdurch wird die Druckenergie in kinetische Energie umgewandelt. Die Größe der erzeugten Tropfen wird bestimmt von der Relativgeschwindigkeit zwischen Flüssigkeit und Gas. Der Flüssigkeitsdurchsatz ist proportional zur Wurzel des Druckes und somit nur in gewissen Grenzen variierbar (10:1). In *Rotationszerstäubern* wird die Flüssigkeit im Zentrum einer Scheibe oder Bechers aufgegeben. Die Flüssigkeit bewegt sich aufgrund der Zentrifugalkräfte an den Rand der Scheibe und wird schließlich mit hoher Tangentialgeschwindigkeit weggeschleudert. Da Rotationsgeschwindigkeit und Flüssigkeitsdurchsatz unabhängig voneinander eingestellt werden können, besitzen Rotationszerstäuber eine hohe Flexibilität. Feinere Tropfen als in Druck - oder Rotationszerstäubern werden in *Zweistoffdüsen* erzeugt. Hierbei wird einer relativ langsam bewegten Flüssigkeit ein Gas mit hoher Geschwindigkeit zugemischt. Man unterscheidet innen- und außenmischende Düsen. Bei innenmischenden Düsen werden Flüssigkeit und das gasförmige Zerstäubungshilfsmedium noch in der Düse zusammen geführt. Bei extern mischenden Düsen trifft der Gasstrahl mit hoher Geschwindigkeit (>100 m/s) außerhalb der Düse auf die Flüssigkeit. Der Flüssigkeitsdruck kann hier deutlich kleiner als der Gasdruck sein, da sie sich im Gegensatz zur innenmischenden Düse nicht gegenseitig beeinflussen. Isenschmid et al. [76] untersuchen Zweistoffdüsen für Flüssigkeiten und Suspensionen. Die Partikelgrößenverteilung der Tropfen wird bestimmt von der Viskosität der Flüssigkeit, dem Feststoffanteil der Suspension sowie dem Mengenverhältnis von Gas zu Flüssigkeit. Für eine vergleichbare Feinheit der Tropfen benötigt eine außenmischende Düse gegenüber einer innenmischenden einen größeren Gasmengenstrom eingesetzt [77]. Werden Zweistoffdüsen eingesetzt, wird der Mischer von dem gasförmigen Zerstäubungsmedium durchströmt, das aus dem Mischraum entfernt und von Partikeln in speziellen Abscheidern befreit werden muß.
Die Erzeugung sehr feiner Tropfen ist oft Ziel der Zerstäubung. Jeder Zerstäuber bildet jedoch Tropfen in einem bestimmten Größenbereich. Eine schmale Verteilung der Tropfengröße ist meist erwünscht, die zudem noch flächenbezogen gleichmäßig auf die Partikel gesprüht werden soll. Im Gegensatz zu vielen anderen verfahrenstechnischen Apparaten kann ein Mischer aber eine ungleichmäßige Flächenbelastung ausgleichen. Eine Minimierung der für die Zerstäubung aufgebrachten Energie oder der Menge an Zerstäubungsgas ist anzustreben.

9.2 Zerkleinern, Dispergieren, Deagglomerieren

Im Mischer eingebaute Mahlwerkzeuge können Mahlfunktionen übernehmen. Hierbei werden durch hochtourig umlaufenden Mischwerkzeugen die Partikel durch Prall, eventuell durch Reibung, beansprucht und zerkleinert. Im Vergleich zu einer Mühle mit nachgeschaltetem Sichtprozeß sind der Feinheitsgrad und das Kornspektrum weniger gut kontrollierbar. Unter Dispergieren wird die Verteilung des Feststoffes in einer fluiden Phase verstanden. Hierfür müssen Agglomerate zerstört werden.

9.3 Agglomerieren, Granulieren (Beschichten, Umhüllen)

Viele feindisperse Feststoffe wie Erze und Konzentrate, Abbrände der Eisen- und Nichteisen-Metallindustrie, Zementrohmehle und Phosphate, Flugstäube, Dünge- und Futtermittel, chemische Präparate, Kunststoffe, Wasch- und Arzneimittel, pulverförmige Produkte der Lebensmittelindustrie werden zumeist in kontinuierlichen Verfahren agglomeriert, um beispielsweise Handling- und Instanteigenschaften zu verbessern [78]. In neuerer Zeit kommt hinzu die Granulation von Glasmengen und Abfallstäuben. Agglomeration dient auch der Fixierung des Mischungzustandes einer erstellten Mischung. Sommer [79] unterscheidet 5 Agglomerationsprozesse:

1. Aufbauagglomeration (Pelletieren)

Feine Partikel werden in bewegter Schüttraum oder im Luftraum in Kontakt gebracht. Meist wird Wasser oder andere Bindemittel hinzugefügt. Kornvergrößerung erfolgt aufgrund der Kapillarkräfte, seltener van-der-Waals-Kräfte. Typische Apparate sind geneigte Trommeln, Teller, Paddel- und Pflugscharmischer und Wirbelschichten.

2. Sprühagglomeration

Durch das Verspühen von Suspensionen erzeugte Tropfen werden mit heißem Gas in Kontakt gebracht. Hierdurch wird der Feuchtegehalt in den Tropfen vermindert und und die Agglomerate vorgetrocknet. Diese werden meist durch Kapillarkräfte zusammen gehalten, hinzu kommen Festkörperbrücken an den Kontaktstellen. Sprühagglomeration wird vor allem in der chemischen, pharmazeutischen und Nahrungsmittelindustrie (Milchpulver) angewandt.

3. Selektive Agglomeration

Einer Suspension wird eine weitere nicht mischbare flüssige Phase hinzugefügt, die den Feststoff befeuchtet. Interpartikuläre Kräfte bewirken Bildung und Zusammenhalt der Agglomerate. Die selektive Agglomeration kann auch auf Feststoffmischungen angewandt werden.

4. Preßagglomeration

Mit geringem Zusatz von Flüssigkeit werden Feststoffe zum Beispiel in Walzenpressen zu Preßlingen agglomeriert. Typisches Beispiel für Preßagglomerate sind Tabletten. Die Partikel haften durch van-der-Waals Kräfte aneinander.

5. Sintern

Beim Sintern wird hochkonzentrierte Suspension in einem Ofen großer Hitze ausgesetzt, die Partikel werden an der Oberfläche teilweise aufgeschmolzen. Beim Abkühlen enstehen an den Kontaktstellen der Partikel Festkörperbrücken.

Insbesondere die *Aufbauagglomeration* wird in Feststoffmischern durchgeführt. Prinzipiell eignen sich alle Feststoff- oder Flüssig-Feststoffmischer zur Erstellung von Granulaten [79]. Der Aufbau von Agglomeraten wird erzielt in einem rotierenden Apparat, wo eine Vermischung und Rollbewegung stattfindet oder durch das turbulente "Rühren" von Suspensionen, wodurch es zu Partikelkollisionen kommt. Wenn bei einer Kollision die Anziehungskräfte größer sind als Trenn-

kräfte, die auf das Produkt einwirken, bleiben die feinen Partikel aneinander haften (Koaleszens). Lagern sich an diese Agglomerate weitere Primärpartikel schichtenförmig an, wächst deren Größe (Schneeballeffekt). Im Gegensatz zur Agglomeration in Tellern wird in Mischern die Rollbewegung durch Werkzeuge oder bei Wirbelschichten pneumatisch erzwungen. Sprüht man Agglomerationsflüssigkeit ein, ergeben sich je nach Produktbeanspruchung durch die Werkzeuge feste Agglomerate oder Instantprodukte leichter Dichte. Der Rollvorgang, der durch die Werkzeugbewegung in horizontalen Mischern induziert wird, beansprucht die Partikel geringer und vor allem gleichmäßiger als in großen Pelletiertellern. Deshalb ist das Produkt poröser und besitzt eine geringere Festigkeit. Die Festigkeit der Agglomerate wird jedoch auch bestimmt durch nachgeschaltete Trocknungs- oder Sinterprozesse.
Die Kinetik des Agglomeration ist von Interesse, da sie bei den meist kontinuierlichen Anlagen erforderliche Verweilzeit und damit die Baugrösse bestimmt. Koch und Sommer [71] modellieren die Kinetik in einem kontinuierlichen Wirbelschichtgranulator und vergleichen die Ergebnisse mit experimentellen Befunden. F. Hoornaert et al. bestimmen die Kinetik in einem 50 Liter Pflugscharmischer .
Stark eingesetzt werden Mischer mit hoher Umfangsgeschwindigkeit im pharmazeutischen Bereich [97]. Hierbei sind die Scherkräfte so hoch, daß es nicht zum Schneeballeffekt kommt, sondern auch die groben Partikel und Agglomerate durch Koaleszens wachsen. Der Flüssigkeitsanteil ist höher (wet granulation). Das Resultat sind Granulate hoher Dichte. Pietsch [95, 98] gibt einen allgemeinen Überblick für die Auslegung von Agglomerationsprozessen..

9.4 Wärmeübertragung, Trocknung

Durch die intensive Bewegung des Feststoffes kann in Feststoffmischern sehr gut Wärme vom Feststoff abgeführt werden (Kühlen) oder übertragen werden (Erwärmen, Trocknen ...). Gelangt Wärme über spezielle Heiz- bwz. Kühlflächen an den Feststoff, spricht man von *indirekter* Wärmeübertragung. Gegenüber über einer ruhenden Partikelschicht ist der Wärmeübertragungskoeffizient bei einer bewegten, durchmischten Feststoffschicht deutlich erhöht, da die Partikel an der Wand permanent erneuert werden. Mischer werden meist zur Wärmeübertragung mit einem Doppelmantel (Heizmantel) ausgestattet, in dem das Wärmemedium strömt. Seltener werden Hohlwellen bzw. Hohlschaufeln eingesetzt. Zur Berechnung des Wärmeübertragungskoeffizienten sei auf das entsprechende Kapitel im VDI-Wärmeatlas [80] verwiesen.
Bei *direkter Wärmeübertragung* ist der Feststoff mit einem heißerem (kälterem) Medium (meist Fluid) in Kontakt. Als Beispiel sei das Kühlen des Feststoffes im Mischer durch Zugabe von flüssigem Stickstoff oder Trockeneis erwähnt.

Durch *Trocknung* wird Flüssigkeit thermisch aus einem feuchten Feststoff entfernt. Hierzu muß die Flüssigkeit in Dampf überführt und dieser vom Feststoff abgeführt werden. Man unterscheidet Konvektions- und Kontakttrocknung. Bei der

Konvektionstrocknung überträgt ein gas- oder dampfförmiges Trocknungsmittel die zur Verdampfung erforderliche Wärme. Bei *Kontakttrocknung* wird die erforderliche Wärme durch Leitung zugeführt, wobei das zu trocknende Gut über beheizte Flächen geführt wird oder auf diesen ruht. Weitere Methoden sind Strahlungstrocknen, Hochfrequenztrocknen, Gefriertrocknen. *Vakuumtrocknung* wird für sehr temperaturempfindliche Produkte angewandt. Der Druck wird abgesenkt, so daß das Wasser bei erheblich niedrigeren Temperaturen verdampft.

In diesem Kapitel konnten die vielen Verfahren, die in Feststoffmischern durchgeführt werden, nur angesprochen werden. In Kombination mit den vorstehenden Verfahren sind auch Reaktionen in der Feststoffphase möglich. Letztlich zeigt dies erneut, daß Mischen ein wesentlicher Schritt auf dem Weg von den Edukten zum Produkt ist.

10 Auslegung von Feststoffmischprozessen

10.1 Formulierung der Zielsetzung und Aufgabenstellung

Ein klare, exakte und umfassende Formulierung der Aufgabenstellung und Zielsetzung ist wesentliche Vorausetzung, um einen Mischprozeß effizient auszulegen. Bei der Verwendung von Tabelle 10.1 als Checkliste ist eine systematische Erfassung der *Mischaufgabe* mit den wichtigen *Randbedingungen* gewährleistet. Bei der technischen Realisation einer Mischanlage müssen übergeordnete *Ziele* erfüllt werden, die wirtschaftliche Vorgaben, Qualitätsziele und betriebliche Vorgaben beinhalten. Das *Qualitätsziel* kann neben einer Definition der geforderten Mischgüte und einer mittleren Produktionsleistung (minimale, maximale) auch weitere physikalische (Feuchte, Korngröße, Temperatur) und chemische Eigenschaften für das Mischgut beinhalten. Allgemeine Grundsätze der Qualitätssicherung erfordern häufig zudem eine Produktionsdokumentation. Hierbei sind die Materialmengen zu codieren, Mischrezepte aufzuzeichnen, Materialflüsse inklusive Bestände und Verbrauch zu bilanzieren.

Daß die *wirtschaftlichen Randbedingungen*, wie beispielsweise die verfügbare Investionssumme und Art der Investionsrechnung wie auch Verwendung bereits bestehenden Raumes die technische Realisation wesentlich bestimmen, ist nicht weiter verwunderlich. Unter den *betrieblichen Randbedingungen* werden die Anforderungen zusammengefaßt, die sich aus dem Betrieb einer Mischanlage ergeben. Dieser stellt beispielsweise Anforderungen an

- Anzahl und Ausbildung des Personals
- Automatisierungsgrad, Prozeßüberwachung, Konzept des Prozeßleitsystems
- Bedienung, Reinigung, Unterhalt
- Sicherheit: Staub-, Ex-, Emissionsschutz, Alarmorganisation.

Tabelle 10.1 Checkliste zur Erfassung einer Mischaufgabe

A) Mischrezepte (Zusammensetzung der Mischungen)
- Anzahl und Bezeichnung der Rezepte
- Rezepturzusammensetzung (Komponentenanteile und einzuhaltende Genauigkeitstoleranzen, besonders für Kleinkomponenten).
- Anteil jeder Rezeptur an der gesamten Produktionsleistung
- Häufigkeit des Rezeptwechsels, eventuell erwünschte Reihenfolge.
- Reinigung bei Rezeptwechsel (trocken, naß, cleaning in place CIP)
- Probenahmen und -Analysen
B) Ausgangskomponenten
- Bezeichnung
- Herkunft, Liefererant, Gebindeform
- Schüttdichte, Feststoffdichte
- Korngröße (Korngrössenverteilung) und Kornform
- Fließeigenschaften, Böschungswinkel
- Abrasivität
- Feuchtigkeit (feucht, hygroskopisch, trocken)
- Temperatur, Empfindlichkeit auf thermische Beanspruchung
- Empfindlichkeit auf mechanische Beanspruchung (Zerkleinerung, Abrieb, Bruch)
C) Produkt (Mischung)
- Mischgüte
- Schüttdichte
- Fluidisierbarkeit (Luftaufnahme während der Mischung)
- Neigung zur Entmischung
- Fließeigenschaften der Mischung
- Agglomeration, Deagglomeration erforderlich
D) Mischleistung
- Mischleistung: Produktionsmenge pro Produktionseinheit (mittlere, minimale, maximale)
Für Chargenmischer:
- Größe der Mischcharge (Endvolumen nach der Mischung)
- Füllzustand beim Anfahren
- Stillstandszeit des gefüllten Mischers
Für kontinuierliche Mischer:
- Produktionsmenge mit unverändertem Rezept
- Toleranzbereich der Dosier-/Mischleistung
E Integration des Mischers in die Anlage
- Materialfluß-Schema (mittlere, maximale und minimale Mengen)
- Zu- und Abführung der Komponenten
- Raumbedarf, Höhe, Grundriß
- Verwendung der Mischung
- Bevorratungs-, Dosier- und Wägeeinrichtungen
- Art der Prozeßkontrolle und -Steuerung, Speicherung, Datenaustausch
- sicherheitstechnische Anforderungen
F Mischerausführung
- Werkstoff, Oberfläche, Gestaltung von Einlauf und Auslauf
- Beheizung, Kühlung, Inertisierung, Druckausführung, Vakuum
- Flüssigkeitszugabe in den Mischer
- Deagglomeration
- Anschluß von Strom, Dampf, Wasser, Hilfsmedien, Schutzarten, Explosionsschutz
G Wirtschaftliche Randbedingungen
- Investitionskosten
- Unterhalts- und Betriebs- und Personalkosten
- Rentabilität

10.2 Wahl des Mischverfahrens (kontinuierlich oder diskontinuierlich)

Zu Beginn des Kapitels 8 sind die Vorzüge von kontinuierlichen und diskontinuierlichen Mischverfahren diskutiert worden. Gerade bei Entmischungsgefahr, die insbesondere beim Handling oder Zwischenspeicherung der bereits erstellten Mischung auftritt, sind kontinuierlichen Mischer vorteilhaft, da hier Zwischenspeicher vermieden werden. Bedingt durch die kompakten Abmessungen kann ein kontinuierlicher Mischer leichter vor der nächsten Prozeßstufe installiert werden und die erstellte Mischung direkt der Weiterverwendung zuführen. In einem kontiniuierlichen Prozeß ist nur eine kleine Materialmenge gespeichert, dies vereinfacht bei gefährlichen Produkten oder in staubexplosiver Atmosphäre die sicherheitstechnische Gestaltung erheblich. Tabelle 10.2 vergleicht diskontinuierliche und kontinuierliche Mischprozesse. Entscheidend für die Wahl des Mischverfahrens sind insbesondere neben der Anzahl der Mischungskomponenten die Mengenströme der einzelnen Komponenten. Da für eine kontinuierliche Dosierung unterhalb 300 g/h die Dosierkonstanz begrenzt exakt einzuhalten ist, machen Komponenten mit kleinen Mengenströme eventuell eine Vormischung erforderlich.

Tabelle 10.2: Vergleich von diskontinuierlichen und kontinuierlichen Mischverfahren

Einsatzdaten	**Diskontinuierlich**	**Kontinuierlich**
Anzahl Komponenten	beliebig	2-6, mehr Komponenten in einer Vormischung zusammenfassen
Häufigkeit des Rezeptwechsels	mehrmals pro Stunde	mehrere Stunden unverändertes Rezept
Häufigkeit der Reinigung oder Stillstand	mehrmals täglich	einmal pro Tag oder seltener
Produktionsleistung, Durchsatz	alle Leistungen	mehr als 100 kg/h, Ausnahme: Beschickung von Laborextrudern
Gefahr der Entmischung	vorhanden, deshalb kurze Transportwege, wenig Zwischenspeicher, Gestaltung des Mischerauslaufes	geringe Gefahr bei direkter Zuführung zur nächsten Prozeßstufe oder Abfüllung
Raumbedarf	größerer Raumbedarf bei Leistungen über 5000 kg/h, Zwischenspeicher	geringer Raumbedarf selbst bei großen Durchsätzen
apparative Anforderungen	einfache Dosierung, hohe Anforderungen an den Mischer	Genaue kontinuierliche Dosierung (Dosierwaage notwendig), geringe Anforderungen an den Mischer.
Sicherheit	Maßnahmen für explosionsgefährdete Stoffe erforderlich	kleine Materialmengen im Prozeß besitzen geringes Gefahrenpotential, vereinfacht sicherheitstechnische Gestaltung
Automation	Grad der Automation variabel	im Prozeß enthalten

10.3 Dosier- und Wägeeinrichtungen im Chargenmischprozeß

Eine vorgegebene Mischleistung pro Stunde wird durch Anzahl Mischzyklen mal Mischernutzinhalt erzielt. Der Mischzyklus besteht aus (Abb. 10.1) Füllzeit, Mischzeit, Entleerzeit, Totzeit. Dazu in Sonderfällen Probenahme- plus Analysezeit, ferner die Zeit für verbundene Verfahren wie Deagglomerieren, Granulieren.

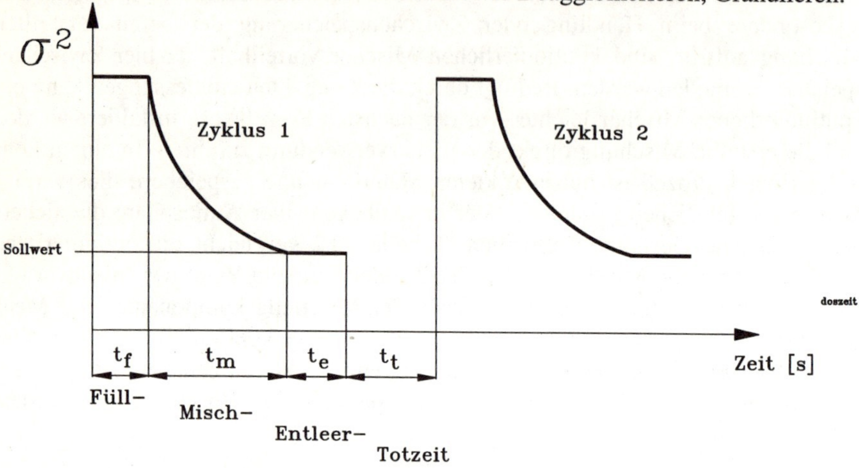

Abb. 10.1 Zykluszeiten beim absatzweisen Mischen von Feststoffen

Die Mischleistung $\dot{m}$ (Durchsatzleistung) eines Chargenmischprozesses mit der Mischcharge der Masse M ergibt so nach Gleichung 10.1:

$$\dot{m} = \frac{M}{t_f + t_m + t_e + t_t} \left[\frac{kg}{s}\right] \tag{10.1}$$

Die Mischzeit t_m hängt von der gewählten Mischerbauart ab, die Füllzeit t_f von der Auslegung der Mischanlage, die Entleerzeit t_e von der Mischerbauart und ebenfalls von der Auslegung der Mischanlage.

Die Wahl der Dosier-Wägeeinrichtung wird bestimmt durch Komponentenanzahl, Komponentengröße und Komponentenanteil, Durchsatzmenge, Art der Anlieferung und Bevorratung, die räumlichen Gegebenheiten, den Automatisierungsgrad usw.. Im einfachsten Fall werden die Komponenten manuell in den Mischer eingewogen. Bei erhöhten Anforderungen an Genauigkeit, Sicherheit und Dokumentation stellt eine Behälterwaage eine apparativ einfache Vorrichtung zum Wägen und Aufgeben der Komponenten in den Mischapparat dar (Abb. 10.2). Die Meßstrecke umfaßt den Wägebehälter mit oder ohne Deckel und mit Abschlußorgan. Die Auswägeeinrichtungen sind mechanisch oder elektromechanisch, in beiden Fällen häufig in hybrider Bauweise.

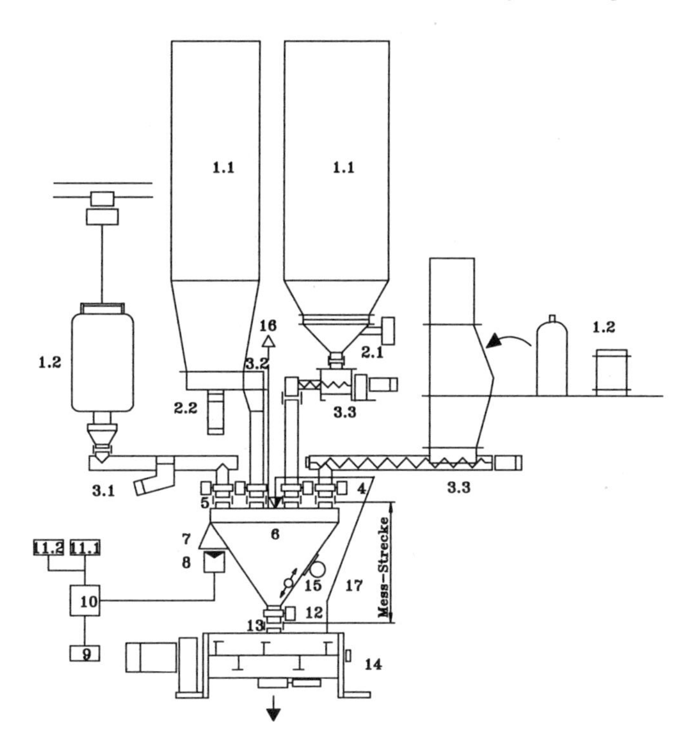

Abb. 10.2 Behälterwaage mit additiver Wägung zur Beschickung eines Chargenmischers
1.1 Vorratssilos, 1.2 Gebinde, 2.1-2.2 Austragsorgane, 3.1-3.3 Dosierorgane, 4 Abschlußorgane, 5 flexible Verbindungen, 6 Wägebehälter, 7 Gewichtskrafteinleitung, 8 Gewichtskraftaufnehmer, 9 Sollwertvorgabe, 10 Wägeauswertung- und Regelung, 11.1 Meßwertanzeige oder - ausgabe, 11.2 Registrierung, Drucker, 12 Abschlußorgan, 13 flexible Verbindung, 14 Mischer, 15 Entleerungshilfe, 16 Staubabsaugung bzw. Entlüftung Wägebehälter, 17 Entlüftung Mischer

Der Dosier- und Wägeablauf wird als *additive* (positive) Wägung (Füllwägung) durchgeführt (Abb. 10.3). Da meistens mehrere Komponenten in denselben Behälter eindosiert werden, ist nur eine Bruttowägung möglich. Ein allfälliger Entleerfehler wird durch Registrieren der Gewichtsdifferenz bei der Entleerung erfasst (Nettowägung), aber nur gesamthaft für alle Komponenten zusammen. Wegen der unterschiedlichen Komponentengröße ist oft eine Bereichsumschaltung erwünscht (Mehrbereichs- oder Mehrteilungswaage). Häufig wird eine zweite oder mehrere Behälterwaagen mit kleinerem Wägebereich parallel geschaltet, was einen Zeitgewinn und größere Genauigkeit für die kleineren Komponenten ergibt.

Bei kleinen Mengen einzelner Komponenten oder kohäsiven, haftendem Feststoff wird zur Vermeidung eines Fehlers wegen unterschiedlichen Anhaftens im Wägebehälter nach dessen Entleerung eine *Negativ-Nettodosierung* (Entnahmewägung) verwendet (Abb. 10.3). Sie erfaßt nur die tatsächlich ausdosierte und gewogene Gutmenge. Gelegentlich werden hierfür auch Differentialdosierwaagen im Chargenbetrieb eingesetzt.

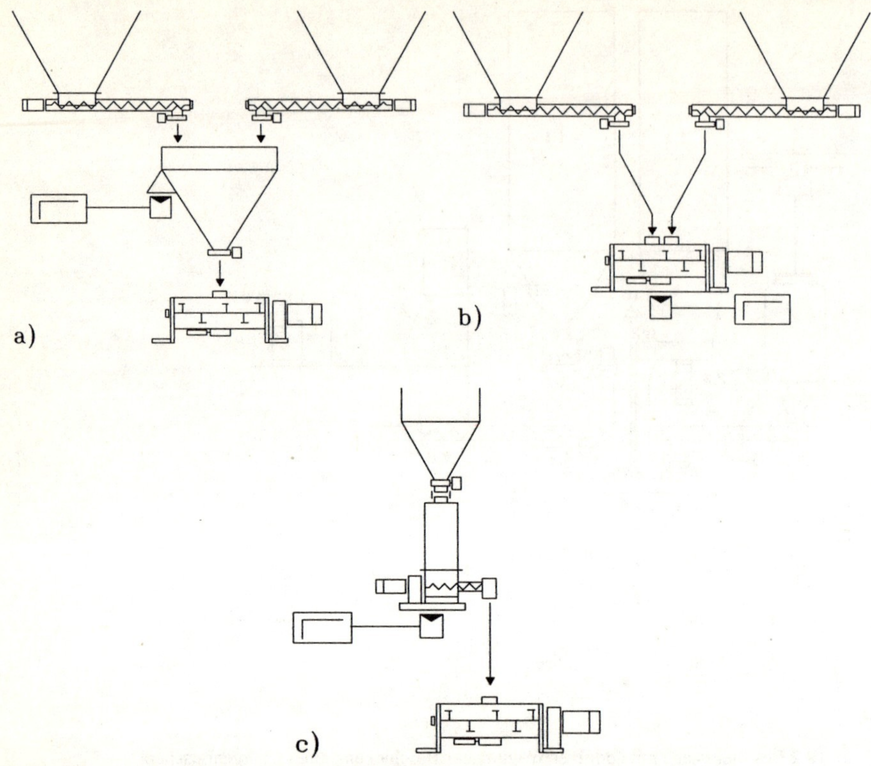

Abb. 10.3 a) Positiv-Netto-Dosierung in Wägefaß; **b)** Positiv- Brutto- Dosierung aller Komponenten in den Mischer; **c)** Negativ-Netto-Dosierung (Entnahmedosierung einer einzelnen Komponente)

In Mischanlagen mit einer großen Anzahl Komponentensilos kann an Stelle der stationären Behälterwaage mittels fahrbarer Waage eine Reihenwägung erfolgen (Abb 10.4).

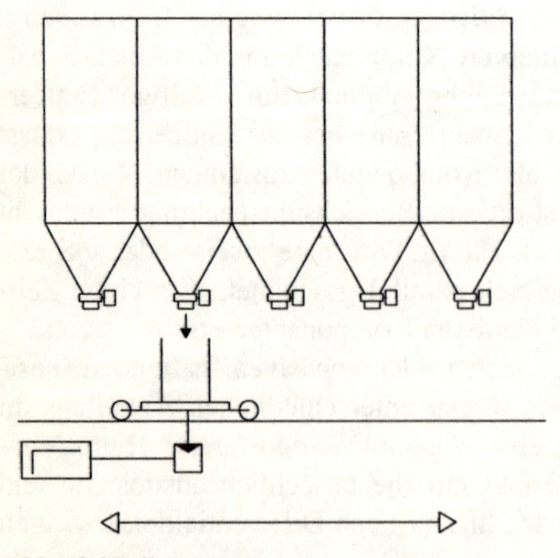

Abb. 10.4 Reihenwägung

Der Mehrzweckwägebehälter (Abb. 10.5) vollzieht die Wägung in der Regel im Mischer.

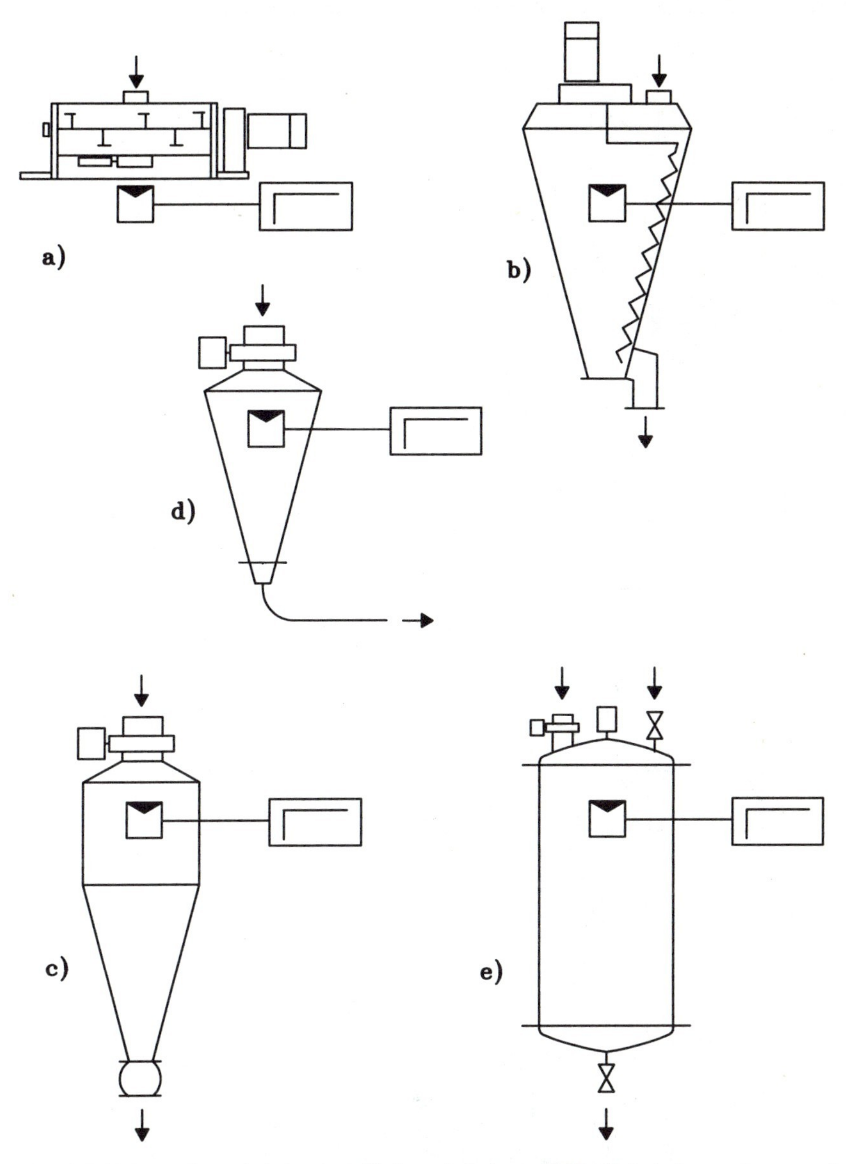

Abb. 10.5 Mehrzweckwägebehälter: **a)** Horizontalmischer; **b)** Vertikalmischer **c)** pneumatischer Luftmischer; **d)** pneumatisches Schubsendegefäß; **e)** Reaktionsbehälter

Die Kombination der Wägung mit pneumatischer Beschickung des Mischers kann im Druckbetrieb (Abb. 10.6) oder im Saugbetrieb erfolgen. Druckbetrieb gestattet Dichtstromförderung mit hoher Beladung und geringer Fördergeschwindigkeit zur schonenden, entmischungsfreien Förderung sowie die Förderung kohäsiver Güter. Saugbetrieb ist bei einer großen Anzahl der Komponenten günstig, bei der Lösung nach Abb. 10.6c abhängig vom Anfahren bei gefüllter Rohrleitung.

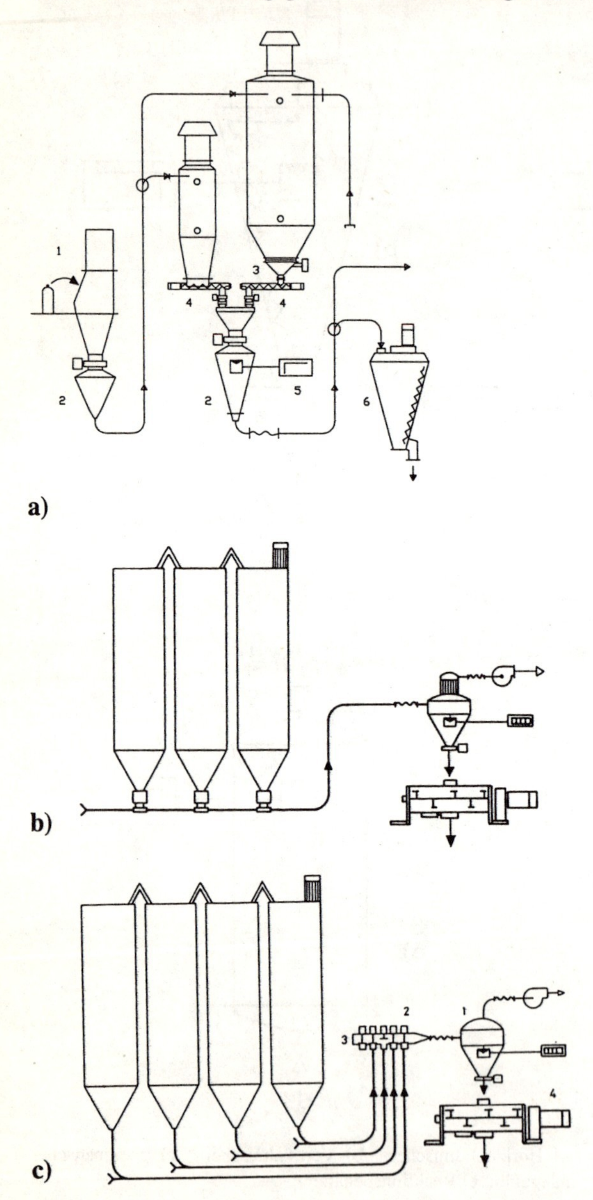

Abb. 10. 6 *Kombination Wägung und pneumatische Beschickung eines Chargenmischers*
a) Pneumatische Beschickung (Druckbetrieb) des Mischers: 1 Aufschüttung; 2 pneumatische Silobeschickung; 3 Austragung; 4 Dosierung; 5 Waage; 6 Mischer **b)** pneumatische Dosierung im Saugbetrieb mit Dosierung in die Förderleitung **c)** pneumatische Dosierung im Saugbetrieb: 1 Wägebehälter; 2 Ventilweiche; 3 Falschluftventil; 4 Mischer

Behälter- bzw. Mischerentlüftung und Staubabsaugung

Beim Befüllen (Dosieren) wird die Luft im Wägebehälter bzw. im Mischer verdrängt, beim Entleeren muß Luft wieder in den Behälter bzw. Mischer eintreten können, andernfalls werden flexible Verbindungen eingerissen oder das Entleeren behindert. Entsprechend muß auch der nachfolgende Behälter entlüftet werden. Zur Vermeidung von Wägefehlern wird die Entlüftung und somit auch die Staubabsaugung derart ausgeführt, daß schwankender Unterdruck im Absaugfilter keine vertikalen Kräfte auf das Wägesystem ausübt.

Richtlinien zur Größe der Wägebehälter und der verwendeten Wägebereiche

Als grobe Faustregel sei hier erwähnt: Kleinste Komponente mindestens 2 bis 5 % der Nennlast bei elektromagnetischen Waagen, 10 % der Nennlast bei mechanischen Waagen. Bei Mehrbereichswaagen können Teilbereiche bis 1:5, bei Mehrteilungswaagen bis 1:10 und mehr mit der kleinsten Waagenteilung geschaltet werden.

Dosierorgane

Dosierschnecken, Vibrationsrinnen- und -rohre, Rührwerkaustragsgeräte, Zellenradschleusen, Abzugsbänder sowie Dosierventile für Freifalldosierung kommen in Frage. Letztere, auch als Dichtigkeits- und Schnellabschlußorgan nach anderen Dosiergeräten eingesetzt, müssen im Produktstrom schließen können. Neben der Produkteignung sind ein großer Verstellbereich und die Gleichmäßigkeit des Feinstromes wichtig. Drehstrommotoren sind polumschaltbar bis 10:1, mit Gleichstrommotoren bis 50:1, Frequenzreglern bis 100:1, Schrittmotoren bis 100:1, elektromagnetischen Vibrationsrinnen bis 30:1 regelbar. Zu beachten ist die Belastbarkeit des Antriebes im Dauerbetrieb über den ganzen Verstellbereich.

Berechnung der Dosier- und Wägeleistung einer Behälterwaage als Teil der Mischanlagenleistung

Die Durchsatzleistung des Chargenmischers wird durch die Zykluszeit (Einfüll- + Misch- + Entleer- + Totzeit) bestimmt (Gl. 10.1). Bei Behälterwaagen steht die Misch- und Mischerentleerzeit für das Dosieren und Wägen der Komponenten zur Verfügung. Oft bildet der Dosiervorgang (Abb. 10.8) für jede Komponente den zeitlichen Engpaß. Als grobe Näherung für die Dosier- und Wägezeit kann vereinfacht gerechnet werden.

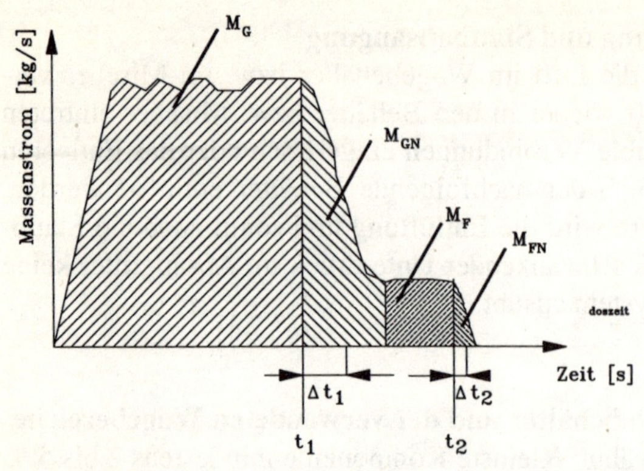

Abb. 10.7 Zyklen einer diskontinuierlichen Dosierung; M_G: Grobdosiermenge, M_{GN}: Nachlauf Grobdosierung, M_F: Feindosiermenge, M_{FN}: Nachlauf Feindosierung

Grobstromdosierzeit + 6 s für Feinstromdosierung für jede Komponente + 10 s für Oeffnen und Schliessen des Wägebehälterabschlußorgans bis zum Start des nächsten Rezeptes + Entleerzeit des Wägebehälters. Eine detailliertere Auslegung von Dosierprozessen gibt Gericke [36, 81].

10.4 Systemfehler einer Chargenmischanlage

Als Systemfehler eines Mischsystems bezeichnen wir die Abweichung des tatsächlichen Wertes (Istwert) vom Sollwert eines Komponentenanteils einer dem Verwendungszweck *entsprechenden Probe* im Füllgebinde:

$$f = x - x_{soll} \tag{10.2}$$

Zusätzlich zu den unvermeidbaren Konzentrationsschwankungen in Feststoffmischungen (vergl. Kap. 3) gibt es eine Vielzahl weiterer Ursachen für Systemfehler. Entmischungen im Produkt bis zum Verbrauchsort und Verbrauchszeit sind natürlich auch zu beachten. Für die systematische Ermittlung und Eliminierung dieser Systemfehler ist eine sorgfältige Wahl des Betrachtungsbereich sehr hilfreich. Abb. 10.8 zeigt den Betrachtungsbereich für eine Ermittlung des Fehlers einer Chargenmischanlage. Systemfehler werden verursacht durch das Verfahren, die Dosierung, die eingesetzten Apparate, das Mischgut, die Umgebung und die Lagerung. Die absolute Größe des Systemfehlers hängt wiederum von der Probengröße ab.

Das Stichprobenmittel schätzt den Systemfehler ab:

$$\bar{f} = \frac{1}{n}\sum_{i=1}^{n}(x_i - x_{soll}) = \frac{1}{n}\sum_{i=1}^{n} f_i \qquad (10.3)$$

Tabelle 10.3 unterscheidet Systemfehler die vor, während oder nach dem Mischvorgang entstehen können.

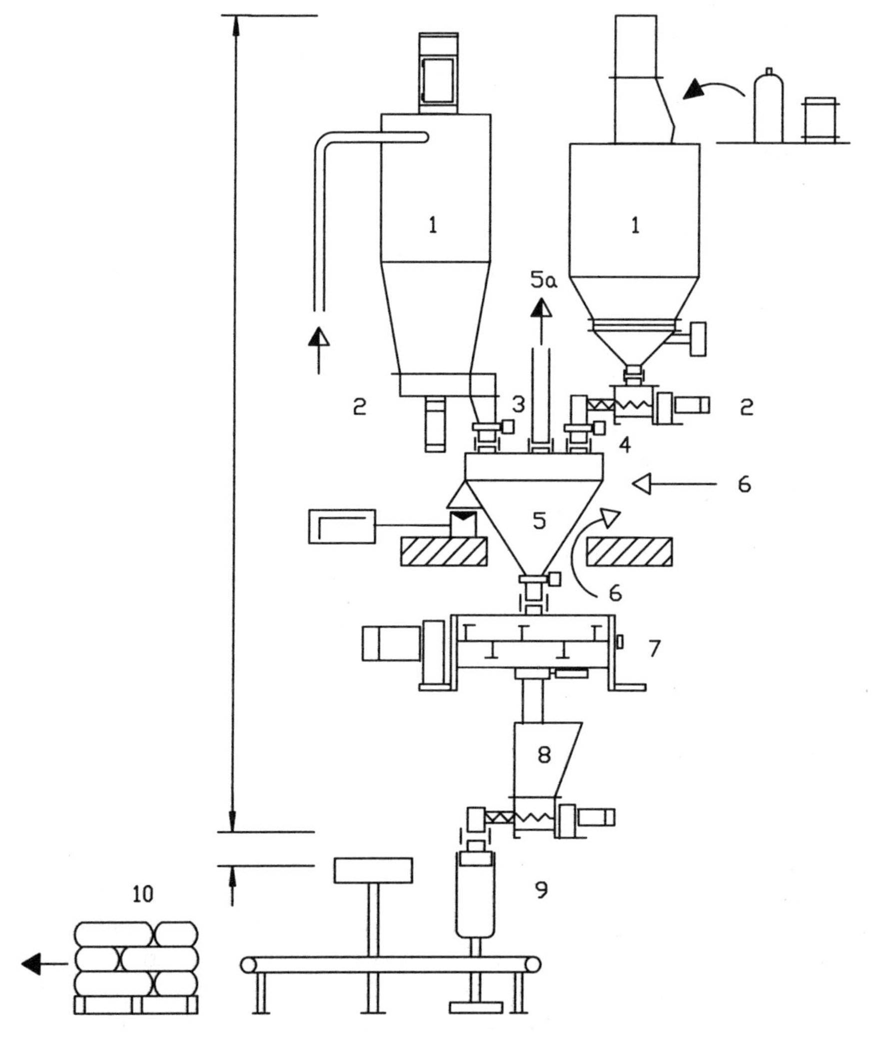

Abb. 10.8 Betrachtungsbereich zur Ermittlung des Systemfehlers einer Chargenmischanlage: 1 Vorratssilos mit Produktbeschickung; 2 Austrags- und Dosiergeräte; 3 Abschlußorgane; 4) flexible Verbindungen; 5 Wägebehälter mit 5a Entlüftung; 6 Luftzug; 7 Mischer; 8 Nachbehälter, 9 Gebindeabfüllung; 10 Gebinde-Lagerung und - Transport

Tabelle 10.3 Ursachen für Systemfehler im Chargenmischprozeß

Fehler vor dem Mischvorgang	
a)	**Fehler der Dosier- und Wägeeinrichtung**
-	Dosierfehler, systematische und zufällige Abweichungen, herrührend vom Dosiersystem
-	zufällige und systematische Meßfehler als Abweichung des angezeigten oder ausgegebenen Wertes vom richtigen (tatsächlichen) Wert
-	Entleerfehler des Wägebehälters durch unterschiedliche Wägegutrückstände in Behälter und Austragsorgan
-	Transportfehler durch Rückstände in flexiblen Verbindungen, Ablaufrohren, Fördergeräten bis zum Mischer
-	Staubabsaugungs- und Entlüftungsfehler
b)	**Fehler aus äußeren Quellen**
-	Einflüsse aus flexiblen Verbindungen von Zu- und Ableitungen für Wägebehälter und Mischer
-	mechanische Einflüsse wie Schwingungen, Kontakt, elektrische Einflüsse, elektromagnetische Störfelder
-	Winddruck auf den gewogenen Behälter, Durchzug
-	Temperatur und variable Druckeinflüsse
-	Bedienungsfehler, z.B. bei Sollwerteingabe, Abwägen von Hand, Protokoll
c)	**Fehler bei Produktaufbereitung**
-	Nichtausscheiden von Fremdkörpern (Abhilfe Kontrollsichtung)
-	durch Agglomerationen in Säcken, Silos (Abhilfe Deagglomerieren)
Fehler des Mischvorganges	
-	Mischer erreicht nicht geforderte Mischgüte (Abhilfe: Mischzeit verlängern, feinere Körnung der Ausgangskomponenten, eventuell anderer Mischertyp, Flüssigkeitszugabe bei Entmischung)
-	Overmixing: Produkt wird mechanisch oder thermisch geschädigt beim Mischvorgang
-	ungewollte Agglomeratbildung bei Flüssigkeitszugabe
Fehler nach dem Mischvorgang	
-	Entmischung während der Entleerung oder im nachgeschalteten Behälter oder im Verpackungsgebinde (Abhilfe Nachbehälter für Massenfluß ausbilden bzw. mit entsprechendem Austragsorgan versehen) Ist die Entmischungstendenz nicht zu bewältigen, ist der Übergang zum kontinuierlichen Mischvorgang zu prüfen
-	Rückstände im Mischer oder in nachgeschalteten Organen bei Rezeptwechsel (cross contamination)

10.5 Dosier- und Wägeeinrichtungen für kontinuierliche Mischprozesse

Wie in Kapitel 8 dargestellt, beeinflußt die Güte der kontinuierlichen Dosierung wesentlich den Mischvorgang. Das Ziel ist die Dosierung von vorgegebenen Mengen pro Zeiteinheit mit *ununterbrochenem* Produktstrom. Sie kann erfolgen **volumetrisch** durch Volumen entnehmende Dosierer (Schnecken-, Vibrations-, Zellenrad-, Band-, Rührwerk-, Drehteller-, Ringnutdosierer) oder **gravimetrisch** durch geregelte Dosierung mit Gewicht oder Masse als Regelgröße (Differentialdosierwaage, Dosierband-, Dosierrotor-, Dosierschneckenwaage).

Eine kontinuierliche Dosierung besteht aus:
- *Dosierorgan*: Zuteilorgan mit Stelleinrichtung zur Erzeugung des volumetrischen Stromes des Dosiergutes ohne Unterbruch und mit möglichst hoher volumetrischer Dosiergenauigkeit.
- *Meßstrecke*: volumetrische Messung durch die Geometrie und die Bewegung des Dosierorganes oder gravimetrische Messung durch die Erfassung von Masse oder Gewicht des durchlaufenden oder abgegebenen Gutes.
- *Regelung:* Vorgabe der Stellgrösse mittels Steuerung oder Regelung des Dosierantriebs.

Es gibt drei Varianten für eine kontinuierliche Mehrkomponentendosierung:
1. Jede Komponente wird autonom, ohne Abhängigkeit von anderen Komponenten eingestellt.
2. Jede Komponente wird in einem bestimmten Verhältnis zur Gesamtheit der Komponenten eingestellt - *Rezepturdosierung* (Abb. 10.9): Gewichtsmäßige Rezeptanteile $\dot{m}_1 + \dot{m}_2 + ... + \dot{m}_n$ werden an der übergeordneten Rezeptur- oder Systemsteuerung für einen bestimmten Gesamtstrom $\dot{m}$ absolut oder in Prozent eingegeben. Bei Verstellung der Gesamtdosierstärke $\dot{m}$ bleiben die prozentualen Anteile $\dot{m}_i / \dot{m}$ unverändert.

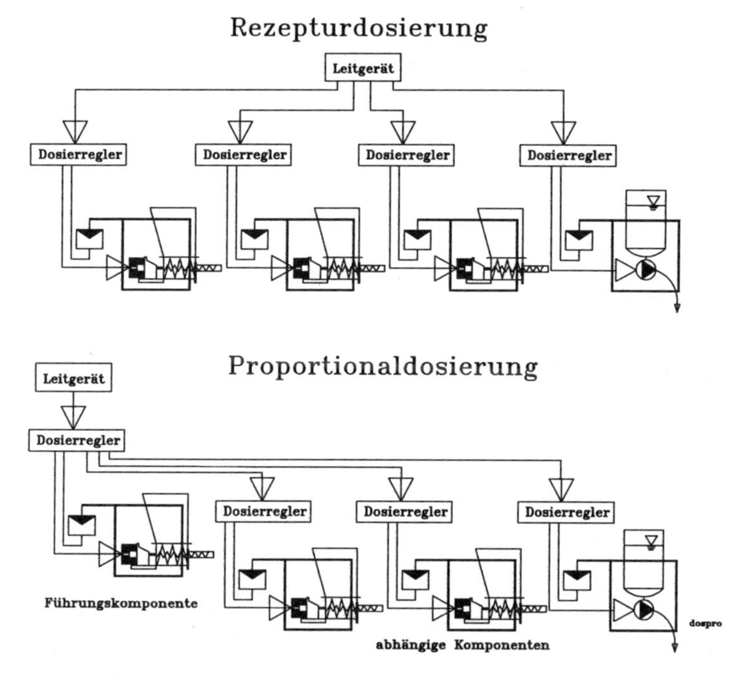

Abb. 10. 9 Kontinuierliche Mehrkomponentendosierung

3. Eine Komponente dient als führende Komponente (Master), in deren Abhängigkeit die anderen Komponenten (Slaves) geführt werden -*Propotionaldosierung* (Abb. 10.9). Die Führungskomponente wird mit angewähltem konstantem Dosierstrom dosiert. Bei Änderung dieses Stromes bleiben die proportionalen Anteile

der geführten Komponente erhalten. Bei aufwendigeren Systemen darf die Führungskomponente einen variablen Dosierstrom (Englisch "wild flow") aufweisen, welcher laufend durch eine Meßwaage gemessen wird und als Führungsgröße für die übrigen Komponenten dient.

Rieselfähige und gleichmäßige Feststoffe (Granulate) können *volumetrisch* dosiert werden, ebenso flüssige Komponenten. Alle anderen Feststoffe sowie vor allem Kleinkomponenten (einige kg/h) müssen *gravimetrisch* dosiert werden. Die gravimetrische Dosierung bietet eine höhere Genauigkeit selbst über Stunden und Tage (Langzeitkonstanz) und ist auch zur Dosierung von Gütern mit schwankender Schüttdichte oder variablem Fließverhalten, wie kohäsive Pulver, flüssige Zusatzstoffe mit variabler Viskosität bzw. variablen Gaseinschlüssen geeignet. Die gravimetrische Dosierung erlaubt zudem eine Rückmeldung der tatsächlich dosierten Menge für Registrierung, Ausdruck, Speicherung und Übertragung an Prozeßleit-, Informations- und Alarmsysteme.

Der Investitionsaufwand einer gravimetrischen Dosierung für eine Komponente ist für Dosiereinrichtung und Regelung um einen Faktor 3 - 4 höher als für eine ungeregelte volumetrische Dosierung. Wartungsaufwand und Unterhalt liegen ebenfalls höher, dies ist jedoch stark abhängig vom gewählten System.

Gravimetrische kontinuierliche Dosierung

Abb. 10.10 zeigt Regelkreise von kontinuierlichen Dosierbandwaagen. Bandwaagen werden überwiegend nur für problemlose, gleichmäßige und nichtstaubende Güter eingesetzt.

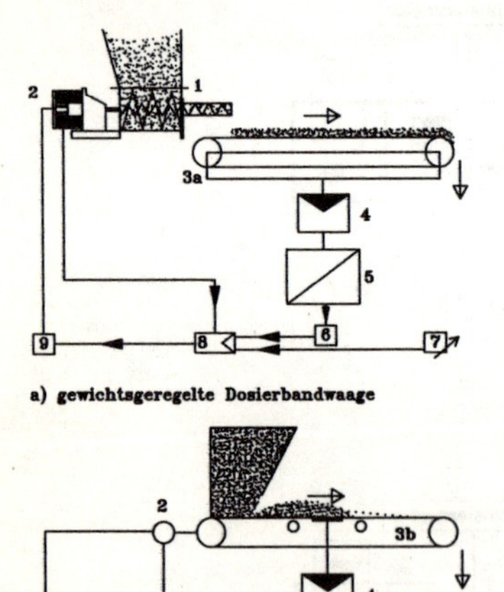

Abb. 10.10 Bandwaage für gravimetrisch kontinuierliche Dosierung von Feststoffen
Stellglied: 1 Dosiergerät; 2 Antrieb; Regelstrecke: 3a Wägeband, 3b Wägestrecke; 4 Meßwertaufnehmer; 5 Regler und 6 Signalverarbeitung; 7 Sollwertvorgabe; 8 Soll-/Istwertvergleich; 9 Motorregler

Detaillierte Beschreibungen finden sich bei Gericke [81], Vetter [82] und Hlavica [83]. *Differentialdosierwaagen* (Englisch "Loss in Weight Feeders") sind in allen Fällen verwendbar, deren Arbeitsprinzip in Abb. 10.11 dargestellt ist: Das Dosiergerät (1) mit aufgebautem Behälter (2) wird im Wägesystem (3) abgestützt oder aufgehängt. Dosiergerät und Behälter sind am Einlauf bzw. Auslauf mit flexiblen Verbindungsmanschetten versehen. Das Nachfüllgerät (4), meistens mit Abschlußorgan (5), füllt das Dosiergerät bis zum oberen Füllrand m_{max} bzw. G_{max}. Nach Abschalten des Nachfüllgerätes und eventuell Schließen des Abschlußorganes (5) mißt die Wägezelle (6) in regelmäßigen Intervallen (Sekundenbruchteile) das Gewicht oder die Masse. Ein Differenzierglied (7) bildet die Gewichtsabnahme pro Zeiteinheit dG/dt bzw. dm/dt, die der tatsächlichen Dosierleistung (Istwert) entspricht. Nach Vergleich des Istwertes im Dosierregler (8) mit dem vom Einsteller (9) vorgegebenen Sollwert wird über den Motorregler (10) der Antrieb (11) des Dosiergerätes so geregelt, daß der Dosierstrom dem gewählten Sollwert angeglichen wird. Der Tachogeber (12) meldet die Drehzahl an den Motorregler zur genauen Einstellung der Drehzahl (unterlagerter Regelkreis). Sobald der Minimalfüllstand m_{min} bzw. G_{min} erreicht ist, wird die Dosierung auf konstante Drehzahl des Antriebs 11 umgeschaltet und die Nachfüllung durch das Nachfüllgerät ausgelöst. Nach Auffüllung auf den Maximalfüllstand m_{max}/G_{max} und Beruhigung des Wägesystems beginnt wieder die gravimetrische Regelung. Pro Stunde erfolgen, (sofern notwendig) 10 bis 20 und mehr Nachfüllungen, mit genügend hoher Nachfülleistung, um den nichtgeregelten Zeitanteil gering zu halten.

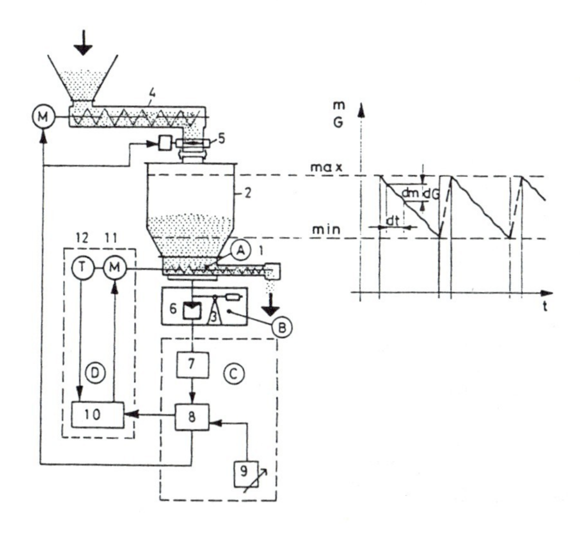

Abb. 10.11 Differentialdosierwaage **A** Dosiergerät; **B** Wägesystem; **C** Dosiersteuerung und Regelung; **D** Dosiergeräteantrieb; 1 Dosiergerät; 2 aufgebauter Behälter; 3 Wägesystem; 4 Nachfüllgerät; 5 Abschlußorgan; 6 Wägezelle; 7 Differenzierglied; 8 Dosierregler; 9 Sollwertsteller; 10 Motorregler; 11 Dosiergeräteantrieb; 12 Tachogeber

Für den Fall einer Proportionaldosierung (*Abhängigkeitsdosierung)* mit Messung der Durchlaufmenge der Hauptkomponente werden in der Regel Meßbandwaagen verwendet. Für große Leistungen (über 1 t/h und nichtkohäsive Güter) kommen auch Corioliskraft-Durchlaufmeßgeräte in Betracht.

Dosierkonstanz und Dosiergenauigkeit (Dosierfehler)

Für die Systemgenauigkeit einer Mischanlage und somit für die Endmischgüte hat die Genauigkeit der kontinuierlichen Dosierung größte Bedeutung. Zur Charakterisierung der Dosiergenauigkeit muß der Bereich der Dosierleistung der Feststoffkomponente mit einer mittleren Schüttdichte angeben werden. Basierend (vergl. Abb. 10.12) auf n Dosierstromproben $\dot{m}_i = M_i / \Delta t$ aus Zeitintervall Δt (empfohlen n =30; Δt= 60s, je nach Fall eventuell kürzer) können ermittelt werden [99]:

- **Dosierkonstanz** als kurzfristige Streuung der Dosierstromwerte um den Mittelwert

- **Dosiergenauigkeit** oder **Dosierfehler** als Abweichung der Mittelwerte vom Sollwert

Abbildung 10.12 illustriert die Vorgehensweise zur Bestimmung des Istwertes $\dot{m}_{ist}$. In festzulegenden Zeitintervallen Δt (beispielsweise 60 s) wird der Massenstrom $\dot{m}_i$ ermittelt und aus einer Meßreihe mit n Messungen die Dosierkonstanz berechnet.

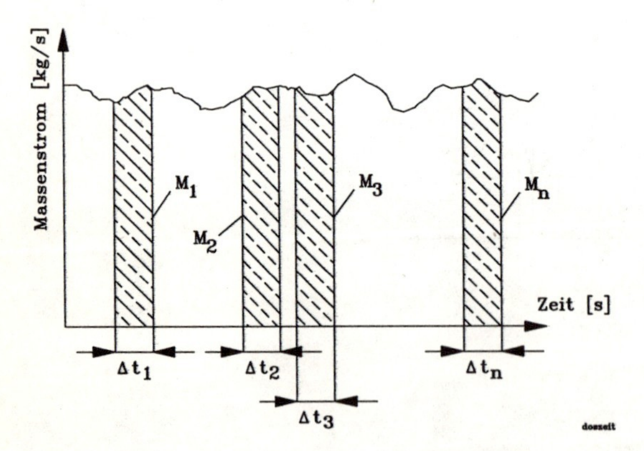

Abb. 10.12 Bestimmung des Dosiermassenstromes $\dot{m}_{ist}$

Für die *Dosierkonstanz* werden als Streumaß die durchschnittliche Abweichung oder die empirische Standardabweichung verwendet:

durchschnittliche Abweichung $AD = \bar{\dot{m}} - \dot{m}_{soll} = \left(\frac{1}{n} \sum_{i=1}^{n} \dot{m}_i \right) - \dot{m}_{soll}$ (10.4)

empirische Standardabweichung $S = \sqrt{\frac{1}{n-1} \sum_{i=1}^{n} \left(\dot{m}_i - \bar{\dot{m}} \right)^2}$ (10.5)

Unter der Voraussetzung einer Normalverteilung der Massenströme und genügend Dosierstromproben liegt folgender Anteil der tatsächlichen Massenstromwerte im Intervallbereich um den mittlereren Massenstrom:

68,3% innerhalb $\pm$ 1S

95,4% innerhalb $\pm$ 2S

99,7% innerhalb $\pm$ 3S

Die *relative Dosierkonstanz* ist in Gleichung 10.6 definiert:

$$S_{rel} = \frac{|S|}{\bar{\dot{m}}} \cdot 100 \quad [\%] \tag{10.6}$$

Sie hängt stark von der Größe des Dosierstromes ab. Variieren bei einer kontinuierlichen Mischung die Rezepte, d.h. die Dosierströme für eine Komponente, ist die verlangte Dosierkonstanz klar auf einen Dosierstrom zu beziehen.

Die *Dosiergenauigkeit* oder der *Dosierfehler* ist die Mittelwertabweichung $\Delta\bar{\dot{m}}$, d.h. die Abweichung des mittleren Massenstroms vom Sollwert zu einem bestimmten Zeitpunkt:

absolut: $$\Delta\bar{\dot{m}} = \bar{\dot{m}} - \dot{m}_{soll} \quad \left[\frac{kg}{h} \right] \tag{10.7}$$

relativ: $$\Delta\bar{\dot{m}}_{rel} = \frac{\bar{\dot{m}} - \dot{m}_{soll}}{\dot{m}_{soll}} \cdot 100\% \quad [\%] \tag{10.8}$$

mit

$$\bar{\dot{m}} = \frac{\sum_{i=1}^{n} \dot{m}_i}{n} \tag{10.9}$$

Die Genauigkeit von Dosierfehler und -konstanz wird auch durch die Meßmethode bestimmt. Meßfehler, sowohl zufällige und systematische, sind zu beachten als Zeit- und Gewichtsfehler. Nur bei hinreichend exaktem Meßverfahren beschreiben der experimentell ermittelte Dosierfehler oder Dosierkonstanz den tatsächlichen Dosiervorgang.
Abbildung 10.13 zeigt den Verlauf eines Dosierstromes über mehrere Tage. Zu Beginn und gegen Ende ist der Dosierstrom zwar nahezu zeitkonstant, doch die absolute Abweichung vom Sollwert ist deutlich größer geworden. Bei einer volumetrischen Dosierung eines Feststoffes, dessen Schüttdichte sich über längere Zeiträume verringerte, fällt der Dosierstrom ab, wenn die Drehzahl des Dosierers nicht der veränderten Schüttdichte angepaßt wird.

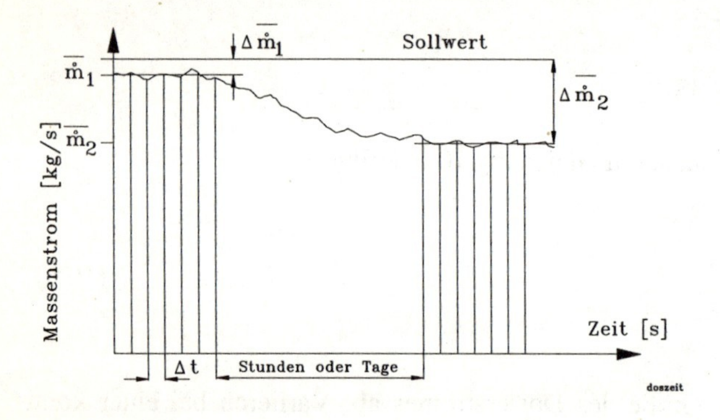

Abb. 10.13 Langzeitabweichung bei einer kontinuierlichen Dosierung

Der gesamte Dosierfehler in der Langzeitbetrachtung ist die Abweichung des Mittelwertes plus/minus der Kurzzeitfehler der Dosierkonstanz:

$$S_D = \pm \Delta\bar{\dot{m}} \pm S \qquad (10.10)$$

Dosierfehler und Endmischgüte

Die Endmischgüte ermittelt am Auslauf des kontinuierlichen Mischers setzt sich zusammen aus Dosierfehler und Mischfehler. Je nach Funktionsweise des Mischers, stärkere oder schwächere Längsmischwirkung resultierend in einer breiteren oder schmaleren Verweilzeitverteilung, und je nach Mischerinhalt (mittlere Verweilzeit) kann ein gewisser Ausgleich kurzzeitiger Dosierschwankungen erfolgen. Betrachten wir Abb. 10.14, so ist klar ersichtlich, daß eine breitere kurzzeitige Streuung S eher zulässig ist als eine große, langzeitige Mittelwertabweichung. Bei letzterer kann der kontinuierliche Mischer keine Korrekturfunktion ausüben.

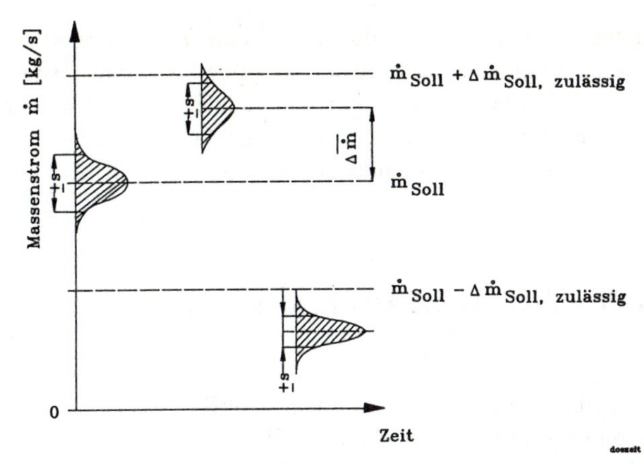

Abb. 10.14 Massenstromverteilungen und Mittelwertabweichungen zu verschiedenen Zeitpunkten nach Vetter [82]

10.6 Systemfehler einer kontinuierlichen Mischanlage

Der Betrachtungsbereich umfaßt gemäß Abb. 10.15 die Zuführung bzw. Aufgabe der Komponenten, deren allfällige Aufbereitung (Ausscheiden von Fremdkörpern, Auflösen von Knollen), Zwischenlagerung, Dosierung, Mischung und eventuelle Förderung der Mischung.

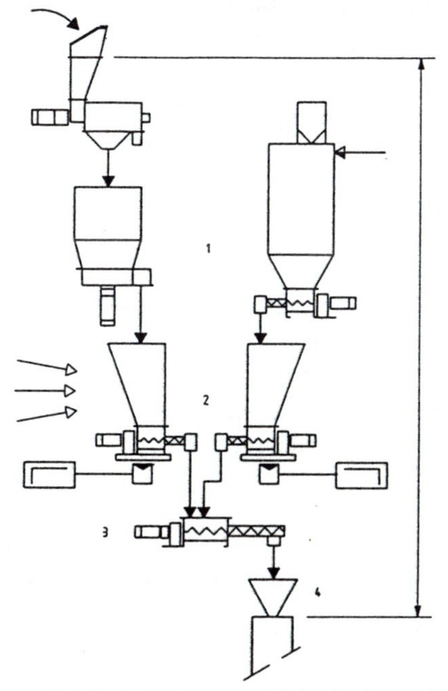

Abb. 10.15 Betrachtungsbereich für den Systemfehler in einem kontinuierlichen Mischsystem
1 Komponentensilos; 2 kontinuierliche Dosiergeräte; 3 kontinuierlicher Mischer; 4 Nachbehälter, Abfüllanlage

Die erzielbare Dosiergenauigkeit beeinflußt die Bauart und Größe des kontinuierlichen Mischers. Eine große Dosiergenauigkeit selbst über lange Zeiträume gestattet einen kleinen kompakten Mischer mit geringer Verweilzeit und geringerer Längsmischwirkung. Im Vergleich zur Chargenmischanlage läßt sich die Entmischungsgefahr dank dem kontinuierlichen Anfall des Gutes nach dem Mischer besser beherrschen.

10.7 Explosions- und Brandschutz bei Mischanlagen

Explosions- und Brandgefahr besteht bei Gemischen von staubförmigen, brennbaren Feststoffen mit Luft, brennbarem Gas oder Dampf (z.B. Lösungsmitteldampf). In der Regel können Stäube mit Korngrössen von < 500 µm brennbar sein, sofern sie in einem bestimmten Konzentrationsbereich gleichmäßig in der Atmosphäre verteilt sind und die Apparategröße, also z. B. des Mischers oder Vor- oder Nachbehälters, über einem Minimum liegt. In den Betrachtungsbereich der *Sicherheitsanalyse* einzubeziehen sind:

1. Sämtliche Silos, Behälter, Verfahrensapparate wie Mischer, Mahlanlagen, Trockner, Förderer, Entstaubungseinrichtungen usw.
2. Alle Stäube, in einer Mischung auch die Komponenten mit nur geringem Gewichtsanteil, aber feiner Körnung.

Eine systematische, eventuell computergesteuerte Durchführung der Sicherheitsbetrachtung (z.B. Dustexpert [84]) für die verarbeiteten Stäube und über die gesamte Anlage dient der Ermittlung von Schutzmaßnahmen. Auch rechtliche Aspekte und Normen sind zu betrachten [85]. Ziel ist die Erstellung einer sicherheitstechnischen Dokumentation zur Anlage als Basis für deren Erstellung und Betrieb.
Schutzmaßnahmen können gegen die Entstehung von Explosionen oder Bränden - *primäre Schutzmaßnahmen* - oder gegen deren Auswirkungen innerhalb und ausserhalb der Mischanlage - *sekundäre Schutzmaßnahmen* - gerichtet sein. Die zu mischenden Komponenten, fertige Mischungen und Stäube aus der Entstaubung, können auf ihr Explosionsverhalten untersucht werden [39, 86, 87], insbesondere der maximale Explosionsüberdruck und der K_{St}-Wert für den maximalen zeitlichen Druckanstieg. Im Handbuch "Brenn- und Explosions-Kenngrößen von Stäuben " [91] sind Kenngröße bei verschiedenen Korngrößenverteilungen von 1900 Stäuben enthalten.

10.7.1 Schutzmaßnahmen gegen die Entstehung von Explosionen -Primärmaßnahmen

Schutzgasüberlagerung (Inertisierung)
Eine Inertisierung dient der Vermeidung einer explosionsfähigen Atmosphäre [88]. Luftsauerstoff kann durch ein Schutzgas (Inertgas), vorwiegend Stickstoff,

soweit ersetzt werden, daß der verminderte O_2-Gehalt keine Zündung und Verbrennung mehr ermöglicht. Bei den meisten Stäuben genügt die Verminderung der Sauerstoffkonzentration auf 12 % abzüglich 2 % Sicherheit, somit < 10 Vol.%. Ferner ist die Mischung des staubförmigen Feststoffes mit einem Inertstaub, einem Löschpulver, möglich. Inertisierung bedingt geschlossene Systeme, welche vor der Inbetriebsetzung mit Inertgas durchspült werden. Die **Überwachung** durch die Kontrolle des Schutzgasüberdruckes oder, noch sicherer, durch Messung des O_2-Gehaltes im Staubbereich, erfolgt durch explosionssichere Geräte.

Ausschaltung von Zündquellen

Neben externen Zündquellen sind mechanisch erzeugte Funken, Erwärmung durch Reibung, statische Aufladung, elektrische Funken, zu hohe Temperatur im Gut oder an Geräteteilen, chemische Reaktionen die Ursachen von Entzündungen. Fast 30% aller registrierten Staubexplosionen werden durch "mechanische Funken", also Reib- und Schlagfunken ausgelöst [92]. Maßnahmen dagegen sind:

- Umfangsgeschwindigkeit bei drehenden Teilen begrenzen, in der Regel < 1 m/s, bei fallweiser Prüfung auch höher [86].
- Bei Berührungsgefahr von bewegten Teilen wird ein Teil aus Kunststoff ausgeführt.

10.7.2 Schutzmassnahmen gegen die Auswirkung von Explosionen - Sekundärmaßnahmen

Als Sekundärmaßnahme ist eine explosionsfeste Bauart der Mischer, von Silos und Behältern möglich. Man unterscheidet druckfeste oder druckstoßfeste Bauart [89, 93]. *Druckfest* werden die Mischer, Behälter usw. als Druckbehälter mit einem Konstruktions- bzw. Berechnungsdruck gleich dem Explosionsdruck des kritischen Staubes ausgeführt, gemäß dem im Lande geltenden Vorschriften für Druckbehälterbau. Bei einem Betriebsdruck unterhalb des Druckbehälterbereiches werden die Mischer und Behälter *druckstoßfest* gebaut. Es gelten die gleichen Berechnungsgrundlagen. Dabei sind aber Verformungen zulässig, ohne daß der Mischer aufreißt oder Teile wegfliegen. Der Rechnungsdruck ist der maximale Explosionsdruck eines brennbaren Stoffes (Der Sicherheitsbeiwert gegen die Streckgrenze bzw. 2 % Dehngrenze bei austenitischen Stählen wird gleich 1 gesetzt).

Explosionsdruckentlastung

Der maximale Explosionsdruck kann auf einen reduzierten Explosionsdruck P_{red} vermindert werden (Abb. 10.15), indem rechtzeitig eine Öffnung mit bestimmtem Querschnitt freigegeben wird. Je geringer der Ansprechdruck P_A, um so niedriger ist auch der reduzierte maximale Explosionsdruck P_{red}, auf welchen die Festigkeit des Mischers etc. ausgelegt sein muß, z.B. P_A = 0,3 bar, P_{red}= 2,5 bar bei einem P_{max} ohne Entlastung von 8,3 bar. Berstscheiben (einmalig verwendbar) oder Explosionsklappen sprechen bei einem Berstdruck (oft 0,1 bar) an, abhängig vom Prozeßmedium, der Temperatur und dem Strömungsquerschnitt. Zum Schutz des

Personals im Raum werden gerade Druckentlastungsrohre bis ins Freie oder in spezielle Auffangbehälter geführt. Zur Überwachung dient eine automatische Berstanzeigevorrichtung sowie eine richtige Wartung bezüglich Verschmutzung, Korrosion etc..

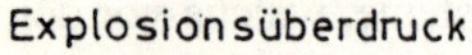
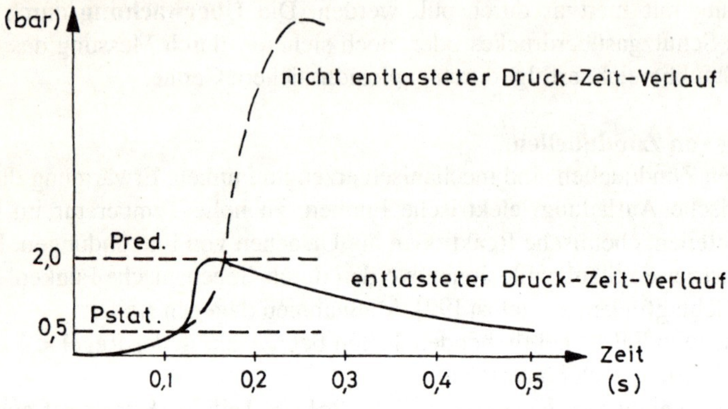

Abb. 10.16 Ablauf einer druckentlasteten Staubexplosion
p_{stat} = Nennansprechdruck, p_{red} = Entlastungsdruck

Explosionsunterdrückung
Ein Detektorsystem, in der Regel eine Druckmessung, signalisiert die anlaufende Explosion und öffnet die Ventile von unter Druck stehenden Löschmittelbehältern [90]. Pulverförmiges oder flüssiges Löschmittel wird in den Mischer oder Behälter eingeblasen und verteilt. Als Löschmittel werden halogenierte Kohlenwasserstoffe, Wasser, Pulver wie Ammoniumphosphat und hybride Löschmittel eingesetzt. In der Regel ist die Explosionsunterdrückung in einem Bereich von $\mathbf{P_{max}/P_{red}}$ wirksam, welcher zusätzlich noch die druckstoßfeste Ausführung der Apparaturen verlangt. Der Auslösedruck der Detektoren liegt in der Regel bei ca. 0,1 bar. p_{red} steigt dann auf ca. 1 bar. Die Bauteile werden entsprechend auf 1.5 bar ausgelegt. Der Einsatz von Explosionsunterdrückung ist bei umweltschädigenden und giftigen Stoffen der Druckentlastung vorzuziehen. Eine einwandfreie Überwachung des Detektorsystems ist notwendig.

Schutzmassnahmen im Mischsystem - Schutz vor Explosionsfortpflanzung
Ein Mischsystem besteht aus einer Kombination von Behältern, Austrags- und Dosiergeräten, Verbindungsrohrleitungen, ev. Förderleitungen, Mischer, Entstaubungs- und Entlüftungseinrichtungen, Armaturen und Instrumenten. Während für die gasführenden Leitungen Flammensperren verwendet werden, dient in staubführenden Rohren eine **Löschmittelsperre** zum Abbruch der Explosionsfortpflanzung. Sie besteht aus einem optischen Flammenmelder mit automatischer Löschmittelzerstäubung. Zum Abschluß in Rohrverbindungen werden detektorgesteuerte Schnellschlußorgane (Schieber) eingesetzt, mit Schließzeiten unter 50

Millisekunden. Explosionsschutzventile können auch direkt auf den Explosionsdruck ansprechen und schließen. Für Abtrennung verschiedener Teile der Mischanlage oder als Flammensperre werden Geräte wie druckstoßfeste, explosionsgeprüfte und flammdurchschlaggeprüfte Zellenradschleusen oder Klappenschleusen verwendet. Zusätzliche Löscheinrichtungen werden zum Löschen von Nachbränden aus Produktrückständen empfohlen.

10.7.3 Kombinierte Schutzmaßnahmen

Aus Gründen der technischen Realisierbarkeit, der *größtmöglichen* Sicherheit und des Installations- und Wartungsaufwandes werden oft mehrere Arten von Schutzmaßnahmen kombiniert angewendet. Tabelle 10.4 gibt einen Überblick über die Kombination der verschiedenen Schutzmaßnahmen (ohne Anspruch auf Vollständigkeit):

Tabelle 10.3 Kombinierte Schutzmaßnahmen für Mischprozesse

Offene Aufschüttung: Explosionsunterdrückung mit Infrarot-Flammdetektor, Produktaufgabe durch Schutzvorhang
Aufgabe aus Containern: Inertisierung, Explosionsunterdrückung
Kontrollsieb, Brecher, Knollenauflöser: Umfangsgeschwindigkeit < 1 m/s, Inertisierung, Druckstoßfestigkeit
Förderung (pneumatisch und mechanisch): Inertisierung, Druckstoßfestigkeit, Explosionsunterdrückung, pneumatische Förderung mit Inertgas als Fördermedium
Zwischenbehälter: Druckentlastung, Druck- oder Druckstoßfestigkeit mit oder ohne Druckentlastung, Inertisierung, Explosionsunterdrückung
Mischer: Druck- oder Druckstossfestigkeit mit oder ohne Druckentlastung, Explosionsunterdrückung, Inertisierung, Umfangsgeschwindigkeit < 1 m/s
Aspirations- und Entlüftungseinrichtung, Filter: Inertisierung, Druckstoßfestigkeit mit Druckentlastung, Explosionsunterdrückung, Abtrennung mit Schnellschlußorganen oder anderen Geräten als Flammensperren

Einer indirekten Verminderung von Zündquellen (Funkenbildung durch Fremdkörper) dienen Kontrollsiebe, Sicherheitsbrecher, Metallausscheidegeräte; ferner Erdung aller Geräte, Verwendung von antistatischem Material bei Kunststoffteilen, Filterstoffen und flexiblen Verbindungen.

11 Realisierung von Mischprozessen

11.1 Vorgehen

In den vorhergehenden Kapiteln wurden die vielfältigen Aspekte des Feststoffmischens behandelt. Zur Umsetzung in reale Anlagen bedarf es, wie allgemein im Anlagenbau, einer systematischen Planung, um den gesamten Prozess mit allen Randbedingungen zu erfassen. Dies wird im folgenden illustriert und an realisierten Mischprozessen erläutert. Das allgemeine Vorgehen lässt sich in 8 Schritte unterteilen:

1. Formulierung der Aufgabenstellung (vgl. Tabelle 10.1) einschließlich einer Liste der Rezepturen
2. Skizzieren eines Fließbildes (Blockschema Abb. 11.1) zur Erfassung der erforderlichen Verfahrensschritte und Funktionen
3. Erstellung einer Materialfluß-Studie (Abb. 11.2a,b)
   Diese umfaßt die Art und Mengen der Komponenten vor der Mischung, deren Verpackung, Gebinde sowie der fertigen Mischungen, Füllgebinde. Daraus resultiert eine Material- und Prozeßdokumentation (Tabelle 11.1).
4. Entscheidung über das Mischverfahren und mit dem Mischer auszuführende Zusatzfunktionen
5. Abklärung, eventuell in mehreren Varianten, der Art und des Ortes der Lagerung, innerbetrieblicher Transport, eigene oder auswärtige Produktion und Lagerung. Zielsetzungen bezüglich Lieferfrist für die Rezepte, daraus Umfang des Komponenten- und Fertiglagers, Durchlaufzeit einer Bestellung usw.
6. Bereinigung von Fließschema; Maschinen -, Gebäudelayout (Fundamente)
7. Sicherheitstechnische Betrachtung der Anlage, insbesondere hinsichtlich Explosions- und Brandschutz (vgl. Kap. 10.7).
8. Investitionsrechnung
   Diese wird aufgrund der aus dem Absatz erzielbaren Deckungsbeiträge Investitionsrichtwerte ergeben. Neben einer üblichen "pay-back period"-Rechnung ist oft eine längere Amortisationszeit (10 - 15 Jahre) für die eigentliche Mischeinrichtung gerechtfertigt, sofern diese für universelle Verwendung technisch konzipiert ist.

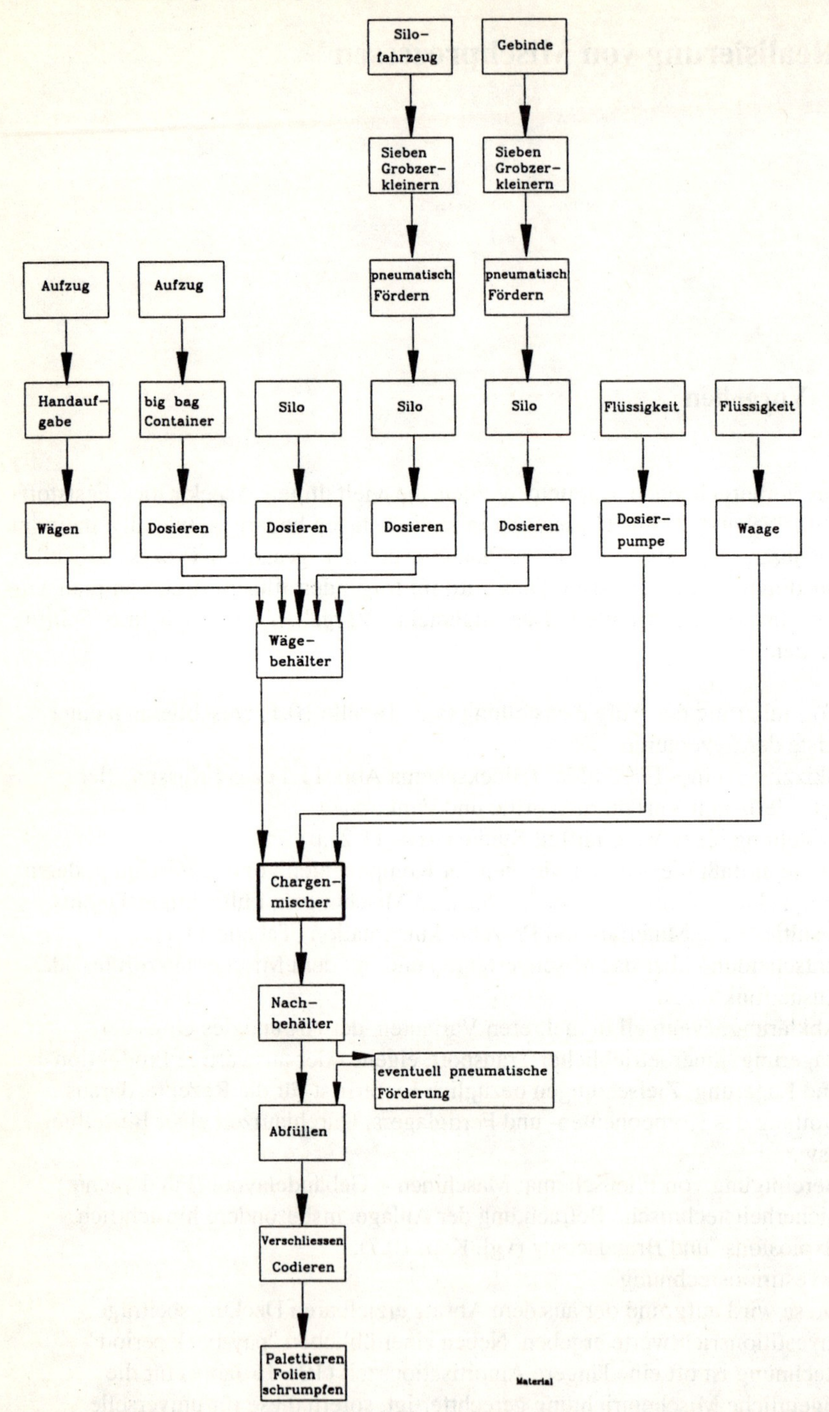

Abb. 11.1 Fließbild eines Chargenmischprozesses (Beispiel); weitere nicht eingezeichnete Funktionen: Metallausscheidung nach der Komponentenannahme oder vor der Abfüllung, Entlüftung, Staubabsaugung, Mahlen

Komponente	1	2	3	4	5-8
Herkunft	eig. Produkt	Zukauf	Zukauf	eig. Vormischung	eigenes Lager
Verpackungsart	Container 2 m^3	lose	Fässer 200 l	big bag 1 m^3	Kartons 10 l
Menge pro 8h	m_1	m_2	m_3	m_4	m_5-m_8
Ankunft	intern, vor Geb. x	Silofahrzeug x m^3	LKW Rampe, Geb. x	intern	Palette
Lager	Container Geb. x	Silo y m^3	Geb. y x Fässer	big bags Geb. x	Geb. y z m^2
Förderung	Aufschütten in Geb.y, pneumat.	pneumatisch	Stapler, Aufzug	Stapler, Aufzug	Stapler Aufzug
Zusatzfunktion	Kontrollsichtung	Deagglomerieren	Sichtung	-	-
Tageslager	5 m^3	5 m^3	2 Fass	1 big bag	x Kartons
Dosieren Wägen	automatisch	automatisch	automatisch	automatisch	Kleinkomponenten
Mischer	Chargengröße	Anzahl Mischer	und	Chargen	

Abb. 11.2a Materialflußstudie bis zum Chargenmischer (Beispiel)

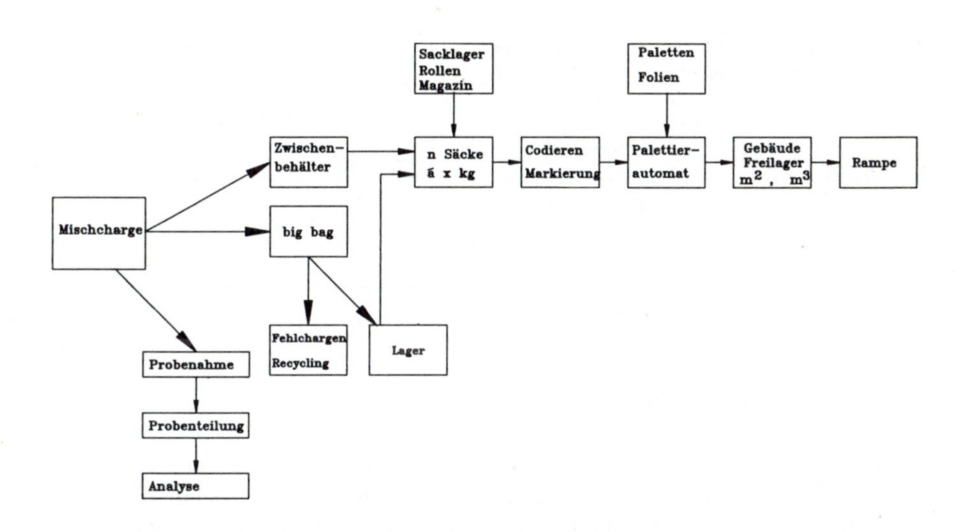

Abb. 11.2b Materialflußstudie für die fertige Mischung erstellt in einem Chargenmischer (Beispiel)

Tabelle 11.1 Material- und Prozeßdokumentation

Ausgangskomponenten	
Herkunft	
Verpackungsart	
Nötige Menge/Produktionseinheit	
Ankunft: Ort, Codierung, Probe	
Lager: Eingangslager, Pufferlager	
Förderung in Mischanlage	
Zusatzfunktion: Sieben, Fremdkörperausscheidung, Deagglomerierung, (Grob-)Zerkleinern	
Tageslager in Mischanlage	
(Aufgabe) Dosieren, Wägen	
Mischen	
Logistik, Datenverwaltung, Protokollierung, Codierung, Prozesskontrolle, (CIM/CIP-Pyramide)	
Produkte (Mischungen) Menge pro h, pro 8 h etc.	
Mischer (Chargengrösse Anzahl)	
Probenahme, Prüfung	
Zwischenlager (Behälter, Gebinde)	
Aufnahme und Lagerung Fehlchargen	
Füllgebinde: Art, Lager, Füllgebindezufuhr Abfüllen, Verschliessen, Codieren Verpacken, Palettieren, Schrumpfen	
Lager	
Auslieferung	
Staubabsaugung:	Komponenten, Filter und Filterstaub, wo, Menge/8 h, Verwendung Filterstaub
Reinigungsvorgang:	Maschine/Behältnis/Gebäude Häufigkeit der Reinigung Art der Reinigung
Qualitätskontrolle:	Probenahme und Analyse der Ausgangskomponenten und Mischung Fremdkörperausscheidung Kontrollsichtung Probenahme aus gefülltem Gebinde Verwendung Fehlchargen

11.2 Chargenmischprozesse

Aus Qualitäts- und Produkthaftungsgründen ist eine Hierachie der Funktionssicherheit einzuhalten. Daraus ergibt sich eine Rangordnung hinsichtlich Gewährleistung der Qualität, der technischen Konzeption und der Verfügbarkeit der Anlage:

1. Mischer: Die Homogenität der Endmischung ist erstes Kriterium. Ein technischer Kompromiß bei der Beschaffung des Mischers mit dem Risiko nicht homogener Mischungen hat unkorrigierbare Folgen: Auch eine perfekte Dosierung, Lagerung und Prozessautomation kann diesen Mangel nicht korrigieren.

2. Vermeidung von Entmischung bis zur Abfüllung

3. Dosierung der Komponenten mit Wägung und Nachweis, Speicherung

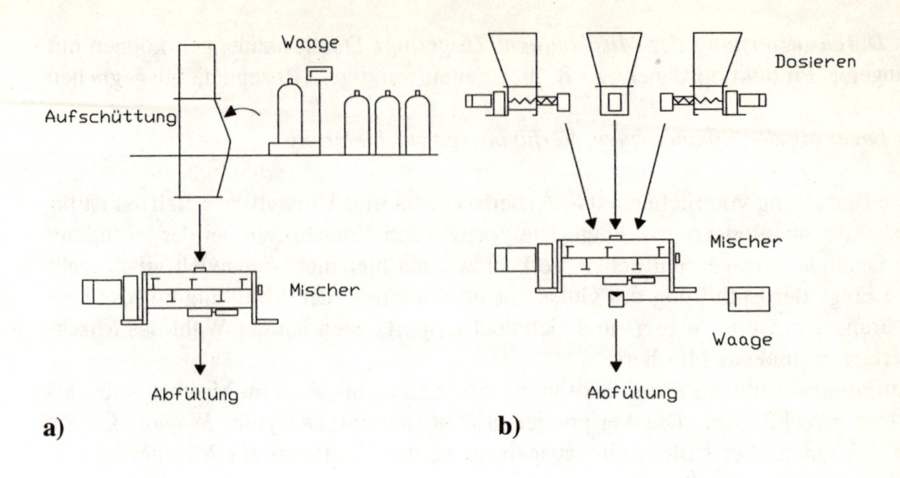

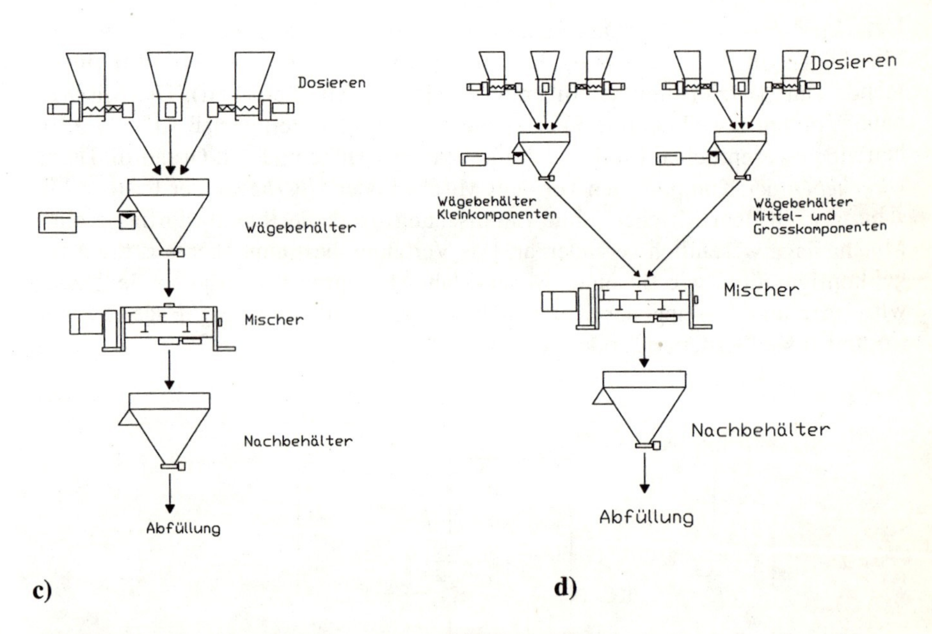

Abb. 11.3 Einfluß der Anlagenkonfiguration auf die Durchsatzleistung (von a nach d zunehmend)
a) Komponenten von Hand vorgewogen und in den Mischer aufgeschüttet; **b)** automatische Dosierung der Komponenten in den Mischer, der als Wägebehälter dient; **c)** über dem Mischer wird ein Wägebehälter (Behälterwaage) angeordnet, nach dem Mischer ein Nachbehälter, durch die Reduktion der Mischerfüll- und Entleerzeit ist eine erhöhte Mischzykluszahl möglich; **d)** zwei Wägebehälter (für Gross- und Mittelkomponenten sowie für Kleinkomponenten) vermindern die Dosier- und Wägezeit zur Rezeptaufbereitung bei gleichzeitig erhöhter Wägegenauigkeit

4. Durchsatzleistung der Mischanlage: Zu geringe Durchsatzmengen können mit längerer Produktionsdauer, z. B. bei zeitaufwendigen Rezepten, ausgeglichen werden.
5. Lagerung der Komponenten, Verfügbarkeit zur Lieferung

Die Einhaltung von **Sicherheits-, Arbeitsschutz- und Umweltvorschriften** ist für jeden Automationsgrad verlangt. Die gesetzlichen Vorschriften bei der Abfüllung in Gebinde zum geschäftlichen Verkehr werden hier nicht behandelt, auch nicht die Frage der Entlüftung des Gutes vor oder während der Abfüllung zwecks Einsparung von Gebindelager- und Gebindetransportkosten bei der Wahl des Mischverfahrens und des Mischers.
Aufgrund der obigen Prioritätsordnung sind Einsparungen beim Mischer selbst als letzte gerechtfertigt. Die Peripherieeinrichtungen für Dosieren, Wägen, Lagern usw. können eher stufenweise ausgebaut werden. Kriterien zur Mischerauswahl selbst finden sich in Kap. 10

Den Einfluß der Anlagenkonfiguration auf die Durchsatzleistung zeigen die Fließbilder in Abb. 11.3 (a-d). Die Anlagen weisen eine von a nach d zunehmende Durchsatzleistung auf (überall bei gleicher Mischerbauart). Die Mischerbauart, ob horizontal oder vertikal, sowie die Konfiguration gemäß Abb. 11.3 haben einen wesentlichen Einfluss auf die benötigte Höhe und den Grundriß. Durch *Überheben* der Komponenten vor dem Mischen oder *Überheben* der fertigen Mischung nach dem Mischer (ohne Entmischung) sind die Raumbedürfnisse einer Mischanlage wesentlich veränderbar. Das Verfahren bestimmt ebenfalls die Anlagenkonfiguration, wie für einen Misch-Mahl-Mischprozeß in Abb. 11.3e gezeigt wird. Art und Umfang der Komponentenlagerung in Silos, Big Bags, Säcken, Container sind Kriterien für den Raumbedarf.

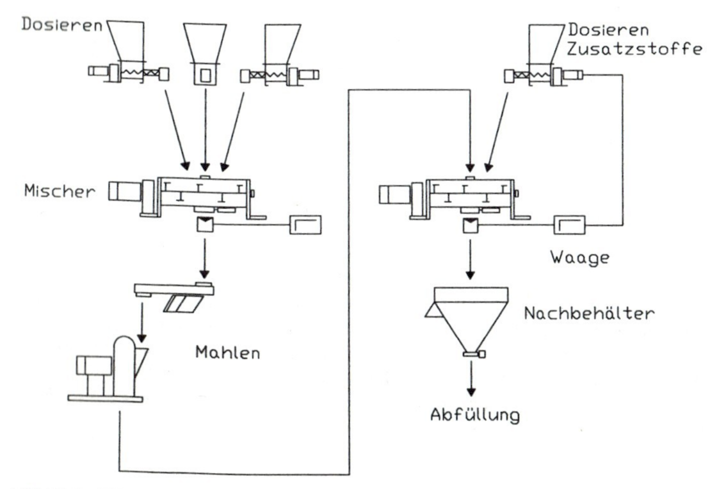

Abb11.3e Misch-, Mahl, -Mischprozeß mit zwei Mischern in Serie; Wirkstoffe werden in den zweiten Mischer zugegeben

11.3 Typische Konfigurationen von Chargenmischanlagen

Die Abb. 11.4 bis 11.7 zeigen Konfigurationen von Chargenmischanlage für unterschiedliche Aufgabenstellungen.

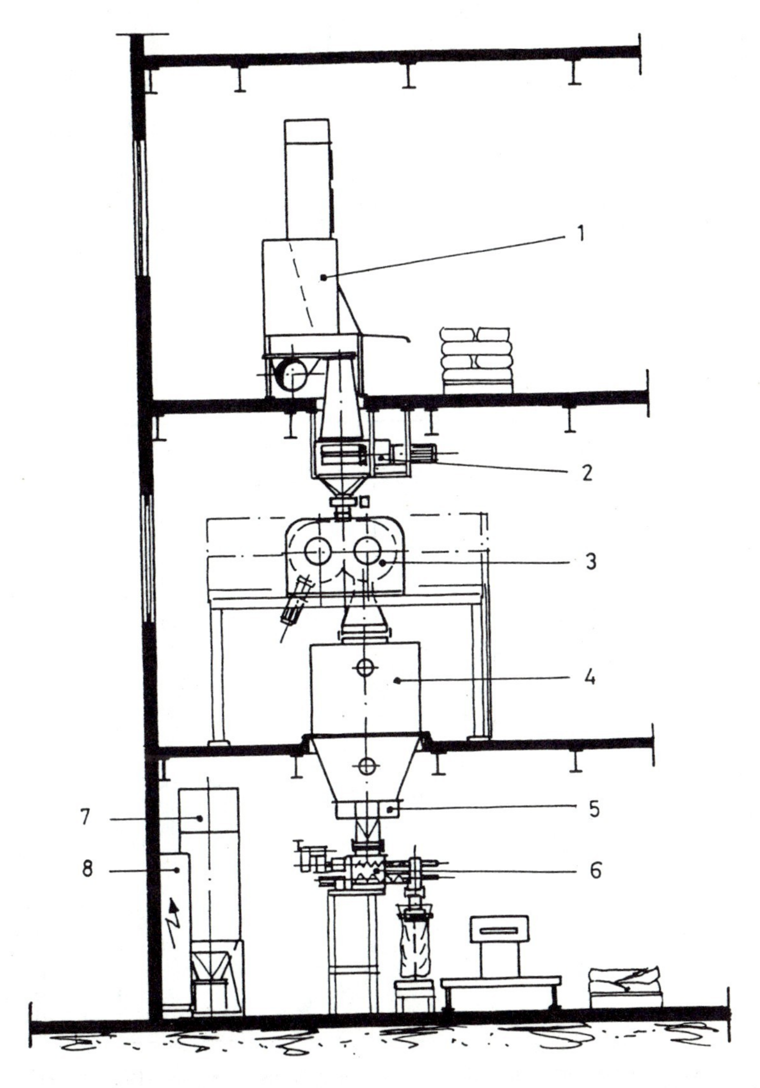

Abb. 11.4 Mischanlage in der Vertikalen: 1 Sackentleerung mit Sackverdichter; 2 Grobzerkleinerer /Nibbler; 3 Mischer; 4 Nachbehälter; 5 Austragsgerät; 6 Abfüllanlage; 7 zentrale Absaugung; 8 Schaltschrank

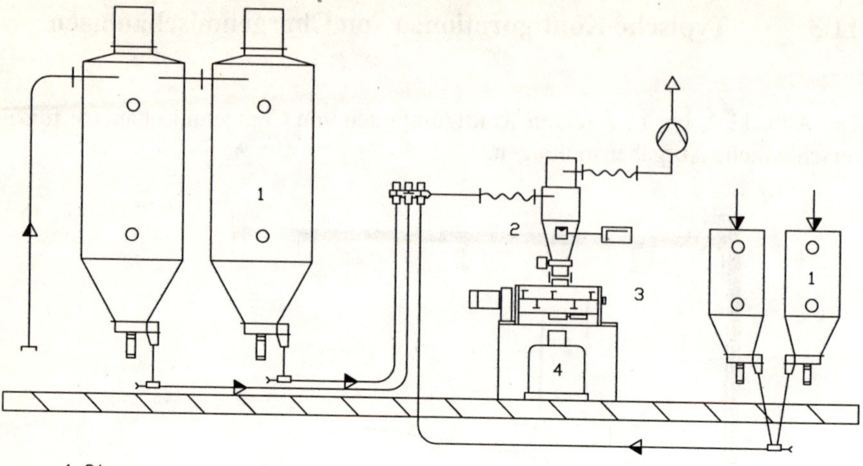

Abb. 11.5 Pneumatische Beschickung des Mischers

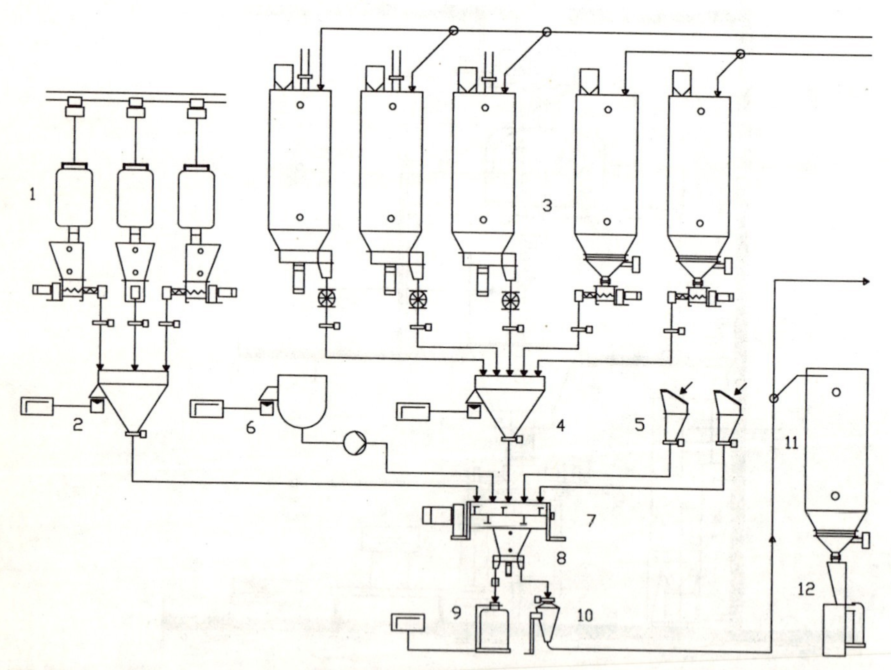

Abb. 11.6 Chargenmischanlage mit Groß- und Kleinkomponenten-Wägebehälter sowie Direktaufgabe; pneumatische Überhebung des Produktes mit Dichtstromförderung (ohne Entmischung der Produktmischung) auf Abfüllanlage; 1 Kleinkomponenten in Gebinden mit Dosierung; 2 Wägebehälter Kleinkomponenten; 3 Groß- und Mittelkomponenten mit Silos, Austragung und Dosierung; 4 Wägebehälter für Groß- und Mittelkomponenten; 5 Handaufgabe für Sonderstoffe; 6 Flüssigkeitszugabe aus Wägebehälter; 7 Mischer; 8 Nachbehälter; 9 direkte Abfüllung; 10 pneumatische Dichtstromförderung der erstellten Mischung; 11 Zwischenlagerung; 12 Abfüll-Linie

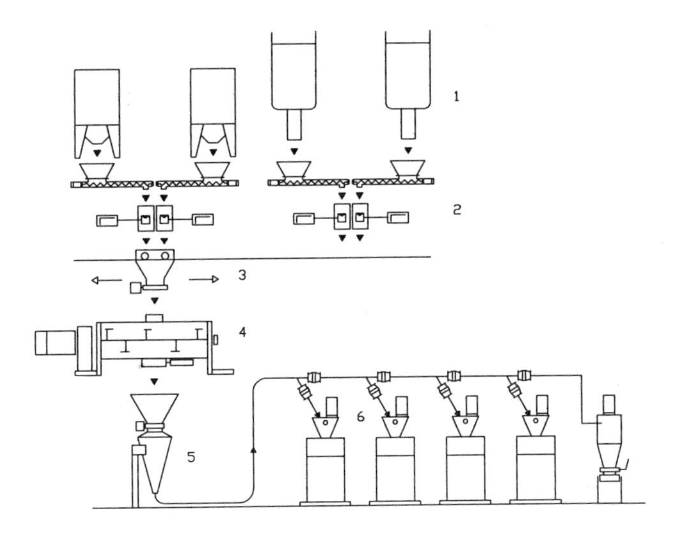

Abb 11.7 Groß- und Kleinkomponenten wegen hoher Ansprüche an Dosierung einzeln verwogen
1 Komponentengebinde mit Dosierung; 2 Einzel-Wägebehälter; 3 fahrbares Sammelgefäß zur Aufnahme der gewogenen Komponenten; 4 Mischer; 5 pneumatischer Dichstromförderer; 6 Abfüll- oder Tablettiermachine

11.4 Kontinuierliche Mischprozesse

Das Vorgehen ist analog wie bei einer Chargenmischanlage (Kap. 11.1 und 2). Zu entscheiden ist, ob eine Reduktion der Komponentenanzahl durch chargenweises Vormischen der Komponenten mit nur geringem Massenanteil möglich ist. Für eine Auswahl des Dosiersystems ist eine Spezifierung der Dosiergenauigkeit mit Angabe des Zeitintervalles und Leistungsbereiches, für welche diese Dosiergenauigkeit eingehalten werden soll, notwendig. Hierbei ist wichtig, ob die Dosiergenauigkeit bezüglich der kleinsten Dosierstärke oder bezüglich der durchschnittlichen Dosierstärke jeder Komponente (insbesondere bei Kleinkomponenten) eingehalten werden muß (vergl. Kap. 10). Der Durchsatz kann auf eine mittlere Schüttdichte der Ausgangsmaterialien ausgelegt sein oder auf einen maximalen volumetrischen Durchsatz bei geringster Schüttdichte der Ausgangsmaterialien. Eine Qualitätskontrolle am Mischerausgang durch Off- oder on-line Analysen ist bei Bedarf vorzusehen.
Extreme Genauigkeit gerade bei Komponenten mit kleinen Dosierstärken oder extrem hohe Durchsätze für Materialien mit eventuell auftretenden kleinen Schüttdichten bedingen einen Mehraufwand, der vielleicht für die durchschnittliche Produktion nicht gerechtfertigt ist.

11.5 Typische Konfigurationen kontinuierlicher Mischanlagen

Abbildungen 11.8 bis 11.10 zeigen Beispiele für Konfigurationen kontinuierlicher Mischanlagen:

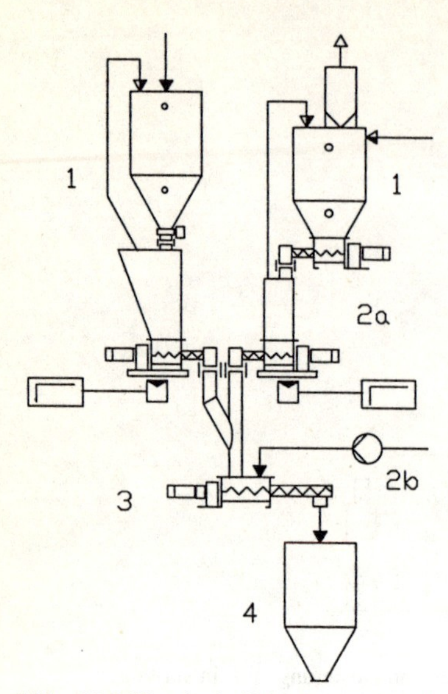

Abb. 11.8 Kontinuierliche Dosier-Mischanlage: 1 Komponentensilos 2a Differentialdosierwaagen für Feststoffe; 2b Dosierpumpe, eventuell Differentialdosierwaage für flüssige Komponente; 3 kontinuierlicher Mischer, 4 Nachbehälter/Abfüllung

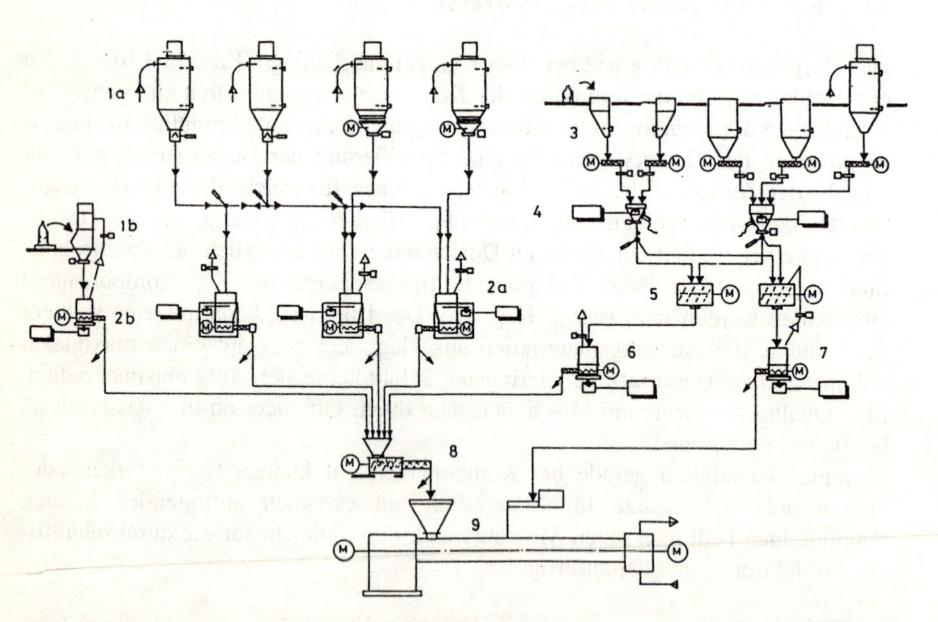

Abb. 11.9 Kontinuierliche Dosierung, Mischen und **Extrusion** mit Premix-Aufbereitung in Chargenmischern: 1a Komponentensilos und -dosierung; 1b Komponentensackaufgabe; 2ab Differentialdosierwaagen; 3 Chargendosierung; 4 Wägebehälter für Premix; 5 Premix-Chargenmischer; 6 Differentialdosierwaage zur kontinuierlichen Premix-Zugabe zu den Hauptkomponenten; 7 Differentialdosierwaage zur Premix-Zugabe in die Extruderschmelze (split feed); 8 kontinuierlicher Mischer; 9 Extruder

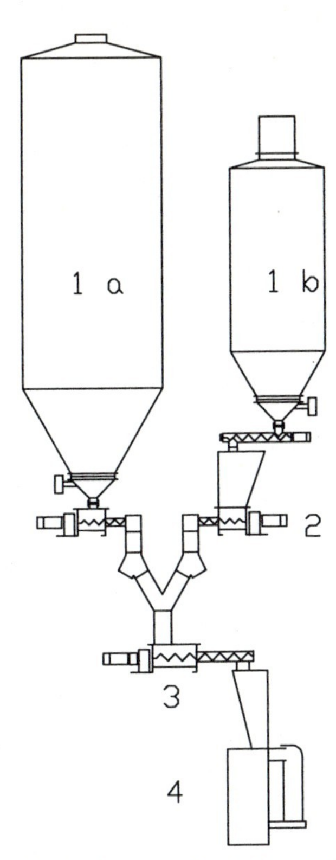

Abb. 11.10 Ausreichende Vermischung von Komponenten mit extrem unterschiedlichen Schüttdichten (0,02 kg/l und 1,0 kg/l) nur im kontinuierlichen Verfahren möglich: 1a,b Komponentensilos; 2 volumetrische Dosierung; 3 kontinuierlicher Mischer; 4 Abfüllung

Literaturverzeichnis

[1] *V. W. Uhl, J. B. Gray*: Mixing Vol. 1-3, Academic Press, Orlando, USA, 1986

[2] *H. J. Henzler*: Untersuchung zum Homogenisieren von Flüssigkeiten und Gasen, VDI Forschungsheft 587, VDI-Verlag, Düsseldorf 1977

[3] *G. Tatterson, R. Calbrese (Herausgeber)*: Industrial Mixing Reserch Needs, AIChE, New York, 1989

[4] *P.V. Danckwerts*: The Definition and Measurement of Some Characteristics of Mixtures, Appl. Sci. Reserach 1952, 3, S. 279 ff

[5] *A. Babl, W. Steiner*: "Siliciumcarbid", Kap. in Ullmanns Encyclopädie der technischen Chemie, Bd. 21, Verlag Chemie, Weinheim 1982

[6] *J. Raasch*: Skriptum zur Vorlesung "Mischen und Rühren", Sommersemester 86, Universität Karlsruhe (TH)

[7] *J. Raasch, K. Sommer*: Anwendung von statistischen Prüfverfahren im Bereich der Mischtechnik, Chemie-Ingenieur-Technik 62 (1990) Nr.1, S. 17-22

[8] *E. Kreyszig*: Statistische Methoden und ihre Anwendungen, 7. Auflage, Vandenhoeck und Ruprecht, Göttingen 1985

[9] *J. C. Williams*: Mixing, Theory and Practice, Bd. 3; ed. V.W. Uhl, J. B. Gray, Academic Press, Orlando 1986

[10] *R. Holzmüller*: Untersuchung zur Schüttgutbewegung beim kontinuierlichen Feststoffmischen, Dissertation, Universität Stuttgart, 1984

[11] *H. Egermann, N.A. Orr*: Comments on the paper "Recent developments in solids mixing" by L.T. Fan et.al.; Powder Technology, 68 (1991) S. 195-196

[12] *L.T. Fan, Y. Chen, F. S. Lai*: Recent developments in solids mixing; Powder Technology, 61 (1990) S. 255-287

[13] *P. M. C. Lacey*: The Mixing of Solid Particles, Trans. Instn.Chem.Engrs. 21 (1943) S. 53-59

[14] *K. Stange*: Die Mischgüte einer Zufallsmischung als Grundlage zur Beurteilung von Mischversuchen, Chemie-Ingenieur-Technik 26 (1954) Nr.6, S. 331-337

[15] *K. Sommer*: Probenahme von Pulvern und körnigen Massengütern, Springer-Verlag, 1979

[16] *Stange, K.*: Angewandte Statistik, Springer-Verlag, Berlin, Heidelberg, New York 1971

[17] *J.S. Bendat, A. G. Piersol*: Random Data - Analysis and Measurement Procedures, 2. Auflage, John Wiley & Sons, New York, 1986

[18] *J. R. Bourne*: Variance-sample size relationships for incomplete mixtures, Chemical Engineering Science, 1967, Bd. 22, S. 693-700

[19] *K. Stange*: Genauigkeit der Probenahme bei Mischungen körniger Stoffe; Chemie-Ing.-Tech. 30, 1967, Bd. 9/10, S. 585-592

[20] *P.M.Lacey, F. S. Mirza*: A Study of the Structure of Imperfect Mixture Part I u. II, Powder Technology 14 (1976) 17/24, 25/33

[21] *H.P. Geering*: Meß- und Regelungstechnik, Springer-Verlag, Berlin 1988

[22] *K. Sommer*: Wie vergleicht man die Mischfähigkeit von Feststoffmischern, Aufbereitungstechnik Nr.5 (1982), S. 266- 269

[23] *W. Entrop*: International Symposium on Mixing, D1, 1-14, Mons 1978

[24] *W. Müller*: Untersuchungen über Mischzeit, Mischgüte und Arbeitsbedarf in Mischtrommeln mit rotierenden Mischelementen, Dissertation TH Karlsruhe, 1966

[25] *W. Müller, H. Rumpf*: Das Mischen von Pulvern in Mischern mit axialer Mischbewegung, Chemie Ingenieur Technik 39, (1967), S. 365-373, Weinheim
[26] *W. Müller*: Methoden und derzeitiger Kenntnisstand für Auslegungen beim Mischen von Feststoffen, Chemie Ingenieur Technik 53, (1981), S. 831-844
[27] *K. Sommer*: Mechanismen des Pulvermischens, Chemie Ingenieur Technik 49 (1977), S. 305-311
[28] *K. Miyanami*: Kapitel 2 in Mixing and Kneading Technology, (Herausgeber T. Yano), Nikan Kogyo Shinbun Sha, 1980, Text in Japanisch
[29] *Ph. B. Rudolf von Rohr, F. Widmer*: Scaling up and homogeneity investigations of ribbon mixers, Vortrag am 1st World Congress on Particle Technology, Nürnberg, April 16-18, 1986
[30] *R. Weinekötter*: Kontinuierliches Mischen feiner Feststoffe,Dissertation Nr. 10083, *ETH-Zürich*, 1993
[31] *W.Müller*: Energiebedarf beim Homogenisieren im pneumatischen Mischbunker, Chemie-Ingenier-Technik, 46, 1974, Nr. 7, S. 295
[32] *J. Werther*: Strömungsmechanische Grundlagen der Wirbelschichttechnik, Chemie-Ingenieur-Technik 49 (1977), Nr. 3, S. 193-202
[33] *J. Schmalfeld*: VDI-Z. 118 (1976) Nr. 2. S. 65/72
[34] *L. Reh*: Wirbelschichtreaktoren für nichtkatalytische Reaktionen, Kapitel in Ullmanns Encyclopädie der technischen Chemie, 4. Auflage Band 3, 1973
[35] *J. Schwedes, J. Otterbach*: Dimensionierung von pneumatischen Granulatmischern, Verfahrenstechnik 8 (1974), Nr. 2
[36] *H. Gericke*: Dosieren und Mischen von Schüttgütern im Chargen- und kontinuierlichen Betrieb, Aufbereitungs-Technik, 22 (1981), Heft 1, S. 15-21
[37] *J. R. Bourne*: 8. Kapitel der Vorlesung "Chemische Reaktionstechnik I/II, *ETH*-Zürich, 1985
[38] *C. Y. Wen, L.T. Fan*: Models for Flow Systems and Chemical Reactions, Marcel Dekker Inc, New York 1975
[39] *W. Bartknecht*: Explosionsschutz, Springer Verlag, Berlin, 1993
[40] *L.T. Fan et al.*: Evaluation of a Motionsless Mixer Using a Radioactive Tracer Technique, Powder Technology, 4 (1970/71), S. 345-350
[41] *O. Molerus*: Über die Axialvermischung bei Transportprozessen in kontinuierlich betriebenen Apparaturen, Chemie-Ing.-Tech. 38 (1966), Bd.2
[42] *O. Levenspiel*: Chemical Reaction Engineering, 2nd edition, John Wiley & Sons, New York; 1972
[43] *M. Weber:* Dispersionsmodell für Mischer, Diplomarbeit am Institut für Verfahrens- und Kältetechnik der *ETH-Zürich*, Dezember 1991
[44] *P.V. Danckwerts*: Continuous Flow Systems. Distribution of residence times, Chem. Engng. Sci. 1953 , Nr. 2 , S. 1
[45] *M. Tesch, L. Reh*: Zeitkonstantes Dosieren feiner Feststoffe, Chemie-Ingenier-Technik 64 (1992), Nr. 11, S. 1034-1036
[46] *J. C. Williams, R. Richardson*: The Continuous Mixing of Segregating Particles, Powder Technology 33 (1982), S. 5-16
[47] *L. Tschuor*: Charakterisierung eines Doppelwellenrührwerkes, Dissertation 9425, ETH-Zürich, 1991
[48] *R. H. Wang*: Residence Time Distribution Models For Continuous Solids Mixers, Proceedings Powder and Bulk Solids Handling and Processing- 11th Annual Powder and Bulk Solids Conference and Exhibition, S. 8-17, Rosemont, Illinois, USA, 1986
[49] *P. Profoß*: Einführung in die Systemdynamik; Teubner-Verlag, Stuttgart, 1982
[50] *K. Sommer*: Mixing of Solids in Ullmann's Encyclopedia of Industrial Chemistry, Vol. B4, Chapter 27, VCH Publishers Inc., 1992
[51] *P. Müller*: Partikel-Widerstand und Druckabfall in beschleunigter Gas-Feststoff-Strömung, Dissertation *ETH-Zürich*, 1992, 9842
[52] *J. C. Williams*: Fuel Soc. Journal, Univ. Sheffield, 14,29 1963
[53] *B. Scarlett*: Particle Process Control-Plenary Session, PARTEC, Nürnberg, 24.-26. März 1992
[54] *Phil Williams, Karl Norris* (Hrsg): Near-infrared technology in the agricultural and food industries, St. Paul, Minnesota : American Association of Cereal Chemists, 1987
[55] *Terence Allen*: Particle size measurement, 4. Auflage, Chapman and Hall, London, 1990
[56] *B. Stalder*: Ermittlung der Mischgüte beim Pulvermischen, Dissertation 10236, ETH-Zürich, 1993
[57] *S.S. Weidenbaum*: Mixing of Solids in Advances in Chemical Engineering; Bd. 2 Herausgeber: T. B. Drew, J. W. Hoopes, Academic Press Inc., New York, 1958
[58] *B. H. Kaye, A, Brushenko, R. L. Ohlhaber, D. A. Pontarelli*: A fibre optics probe for investigating the internal structure of powder mixtures, Powder Technology 2 (1968/69), S. 243-245

[59] *C. F. Harwood, R. Davies, M. Jackson, E. Freeman*: An Optic Probe for Measuring Mixture Composition of Powders, Powder Technology, 5 (1971/1972), S. 77-80

[60] *M. Alonso, M. Satoh, K. Miyanami*: Recent works on Powder Mixing and Powder Coating Using an Optical Measuring Method, KONA Nr. 7 (1989), S. 97-104

[61] *R. Weinekötter, R. Davies; J. C. Steichen*: Determination of the Degree of Mixing and the Degree of Dispersion in Concentrated Suspensions, Proceedings of Second World Congress Particle Technology, S. 239-247 September 19-22, 1990, Kyoto, Japan

[62] *R. Weinekötter, L. Reh*: Characterization of Particulate Mixtures by In-Line Measurements, Part. Part. Syst. Charact. 4/94

[63] *L. Reh; J. Li*: Measurement of Voidage in Fluidized Beds by Optical Probes; Proceedings for 3rd International Conference on Circultation Fluidized Beds, Nagoya, Japan, Okt. 1990, S.4-16-1 - 9

[64] *K. Stange*: Angewandte Statistik I, Springer Verlag, Berlin 1970

[65] *J. Raasch, K. Sommer*: Anwendung von statistischen Prüfverfahren im Bereich der Mischtechnik, Chemie-Ingenieur-Technik 62 (1990) Nr.1, S. 17-22

[66] *H. B. Ries*: Mischtechnik und Mischgeräte, Aufbereitungs-Technik Heft 1+2; 1979

[67] *H.-P. Wilke, R. Buhse, K. Groß*: Mischer - Verfahrenstechnische Grundlagen und apparative Anwendungen, Vulkan Verlag, Essen 1991

[68] *K. Sommer, G. Hauser, H. Alexy*: Gutachten über den Gericke Mehrstromfluidmischer, Weihenstephan 1986

[69] *G. Scheuber*: Untersuchung des Mischungsverlauf in Feststoffmischern unterschiedlicher Größe, Dissertation Universität Stuttgart, 1979

[70] *G. Dau, F. Ebert, F. Hähner*: On-line-Analyse der Austrittskonzentration von Feststoffmischern, Aufbereitungs-Technik, 35, 1994, Nr. 6, S. 281-289

[71] *T. Koch, K. Sommer*: Modeling of Continuous Granulation in a Fluidized Bed, Proceedings 1st Particle Technology Forum, Part I, S. 17-184, Denver, 1994

[72] *R. Meili*: "Scale-up von Feststoffmischern", Semesterarbeit am Institut für Verfahrens- und Kältetechnik der ETH-Zürich, WS 88/89

[73] *J. Villermaux*: Génie de la réaction chimique, Lavoisier, Paris 1982

[74] *K. Sommer*: Continuous Powder Mixing, Proceedings 1st Particle Technology Forum, part III, S. 343 -349, Denver, 1994

[75] *A. H. Lefebvre*: Atomization and Sprays, Taylor &Francis Bristol, PA, USA, 1989

[76] *T. Isenschmid, P. Schmid, L. Reh*: Continuous Fluid Bed Granulation and Atomization with Industrial Two-Fluid Nozzles, Preprints 1, Europäisches Symposium Partikelmeßtechnik (PARTEC) Nürnberg, Germany, März 1992

[77] *T. Gamma*: Vergleich einer innen- mit einer aussenmischenden Zweistoffdüse, Semesterarbeit in "Mechanischer Verfahrenstechnik" am Institut für Verfahrens- und Kältetechnik der Eidgenössischen Technischen Hochschule (ETH) Zürich, Februar 1994

[78] *F. Briegmann*: aus Ullmanns Enzyklopädie der technischen Chemie, 4. Auflage Bd.2 S. 321ff, Verlag Chemie, Weinheim, 1974

[79] *K. Sommer*: Ullmann's Encyclopedia of Industrial Chemistry, 5. Auflage, Vol. B2 Kap. 7.2 VCH Verlagsgesellschaft, Weinhem 1988

[80] *E. Tsotas, E.-U. Schlünder*: Wärmeübergang von einer Heizfläche an ruhende oder mechanisch durchmischte Schüttungen, Abschnitt aus dem VDI-Wärmeatlas, 6. Auflage, VDI-Verlag, Düsseldorf, 1991

[81] *H. Gericke*: Dosieren von Feststoffen (Schüttgütern), Gericke GmbH (Hrsg.), Rielasingen 1989

[82] *G. Vetter*: Die Dosiergenauigkeit bei der Stoffdosierung, Chem.-Ing.-Tech. 61 (1989) Nr.2, S. 136-140

[83] *K. Hlavica*: Differentialdosierwaagen, in Handbuch des Dosierens, Hrsg. G. Vetter, Vulkan Verlag Essen 1994

[84] *E. von Haefen u. H.-G. Schecker*: DUSTEXPERT - Ein Expertensystem zur Beurteilung von Explosionsgefahren und zur Auswahl von Exlosionsschutzmassnahmen bei staubverarbeitenden Anlagen, VDI-Bericht 975: Sichere Handhabung brennbarer Stäube. Tagung Nov. 1992. Kommission Reinhaltung der Luft im VDI und DIN, VDI-Verlag Düsseldorf 1992 S. 359-378

[85] VDI-Bericht 975: Sichere Handhabung brennbarer Stäube, Tagung Nov. 1992, Kommission Reinhaltung der Luft im VDI und DIN, VDI-Verlag Düsseldorf 1992 S. 359-378

[86] *Bartknecht W.*: Staubexplosionen, Ablauf und Schutzmaßnahmen. Springer Verlag, Berlin, Heidelberg, 1987

[87] VDI-Richtlinie 2263: Staubbrände und Staubexplosionen. Gefahren-Beurteilung-Schutzmaßnahmen. Blatt 1 Untersuchungsmethoden zur Ermittlung von sicherheitstechnischen Kenngrößen von Stäuben. Beuth-Verlag Berlin . Mai 1990.

[88] VDI-Richtlinie 2263 Blatt 2: Inertisierung. Mai 1992.

[89] VDI-Richtlinie 2263 Blatt 3: Explosionsdruckstossfeste Behälter und Apparate, Berechnung, Bau und Prüfung. Mai 1990.

[90] VDI-Richtlinie 2263 Blatt 4: Unterdrückung von Staubexplosionen. April 1992.

[91] Sicherheitstechnische Informations- und Arbeitsblätter 140260 - 140279 aus dem BIA-Handbuch: Brenn- und Explosions-Kenngrössen von Stäuben. Berufsgen. Institut für Arbeitstechnik (Hrsg.). Erich Schmidt Verlag Bielefeld 1987.

[92] *F. Schmalz:* Sicherheit chemischer und verfahrenstechnischer Analgen, Vorlesung an der ETH-Zürich, SS 1994

[93] C. *Donat*: Explosionsfeste Bauweise. Bericht Internat. Koll. für die Verhütung von Arbeitsunfällen und Berufskrankheiten in der chemischen Industrie. Luzern 1984.

[94] VDI-Richtlinie 3673: Druckenlastung von Staubexplosionen. Okt. 1983 Novelle Entwurf Nov. 1992

[95] *W. Pietsch*: Size Enlagement by Agglomeration, John Wiley & Sons/Salle + Sauerländer, Chichester, UK/Aarau, Schweiz/Frankfurt/M, 1992

[96] *F. Hoornaert, G. Meesters, S. Pratsinis, B. Scarlett*: Powder Agglomeration in a Lödige Granulator,Proceedings 1st Particle Technology Forum, part I, S. 278 -286, Denver, 1994

[97] *H.G.Kristensen*: Particle Agglomeration in High Speed Mixers, Proceedings 1st Particle Technology Forum, part I, S. 214-219, Denver, 1994

[98] *W. Pietsch:* Parameters to be considered during the Slection, Design and Operation of Agglomeration Systems, Proceedings 1st Particle Technology Forum, part I, S. 248-257, Denver, 1994

[99] *NAMUR (Normen- und Arbeitsgemeinschaft für Meß- und Regeltechnik in der chemischen Industrie)*: Empfehlung Ak.3.3: Dosiergenauigkeit von kontinuierlichen Waagen, Leverkusen, Juli 1993

Sachverzeichnis

Druck: Mercedesdruck, Berlin
Verarbeitung: Buchbinderei Lüderitz & Bauer, Berlin